Axel Rogge

Die Videoschnitt-Schule

Tipps und Tricks für spannendere und überzeugendere Filme

Galileo Design

Liebe Leser,

sicher kennen Sie diese Situation: Sie kommen aus der Urlaub nach Hause und wollen Ihren Freunden Ihren selbst gedrehten Urlaubsfilm präsentieren, um sie an den schönen Erlebnissen teilhaben zu lassen – aber wie wollen Sie Ihre Zuschauer fesseln? Sie möchten Ihre Agentur mit einem kleinen Imagefilm präsentieren – professionell gedreht haben Sie ihn, aber wie jetzt den Film zusammenbringen?

Denn Ihr Schnittprogramm beherrschen Sie zwar, aber wie Sie Ihren Film spannend gestalten, nicht zu lang und nicht zu kurz, mit Höhepunkten und Ruhephasen, das verraten Ihnen die Handbücher zur Software nicht. Und genau hier springt »Die Videoschnitt-Schule« von Axel Rogge ein.

Und der Autor ist ein Glücksfall: Axel Rogge ist ein ausgesuchter Profi, der seit Jahren für das Fernsehen arbeitet und alle Tricks der Branche kennt – sicher haben Sie auch schon einmal einen Beitrag gesehen, den er geschnitten hat! Aber gleichzeitig hat er nicht vergessen, welche Probleme man als Anfänger hat: wie man vor dem ersten Bild zurückschreckt, wie man plötzlich bemerkt, dass eine Aufnahme verwackelt ist und nicht einsetzbar, wie der Ton furchtbar verrauscht ist ... Und was mich als Lektorin besonders gefreut hat: zudem kann er auch noch schreiben! Er erzählt so amüsant, erklärt so locker, plaudert so tiefgehend, dass ich beim Lesen des Buchs großes Vergnügen hatte und häufig vor mich hin lachen durfte – die Lektorenkollegen im Verlag waren ganz neidisch. Und wie nebenbei habe ich vieles über den guten Videoschnitt gelernt.

Und das werden Sie auch. Lesen Sie das Buch, egal ob auf dem Sofa oder vor dem Rechner, und Sie werden bald intuitiv bessere, überzeugendere Filmen schneiden und Ihre Zuschauer begeistern. Was will man mehr?

Viel Spass dabei!

Ruth Wasserscheid
Lektorat Galileo Design
ruth.wasserscheid@galileo-press.de
www.galileodesign.de
Galileo Press • Rheinwerkallee 4 • 53227 Bonn

Auf einen Blick

1 **Grundlagen für den guten Schnitt** 15
- Was ist ein guter Schnitt?
- Welche Schnittarten gibt es?

2 **Mit der Kamera in der Hand** 27
- Was muss ich bei der Drehplanung beachten?
- Wie drehe ich Zoom, Schwenk oder Kamerafahrt?
- Wie komme ich an einen guten O-Ton?

3 **Der erste Schnitt – das erste Bild** 75
- Wie schneide ich zielgruppengerecht?
- Wie finde ich ein erstes Bild?
- Wie arbeite ich korrekt mit O-Tönen und Musik?
- Welche Schnittfehler gibt es, und wie kann man sie vermeiden?
- Was kennzeichnet guten und schlechten Schnitt?

4 **Story-Telling** 109
- Nutzen Sie die Macht der Montage, um Geschichten gut zu erzählen.
- Springen Sie per Trenner oder Blende zu einem anderen Thema.
- Erzählen Sie durch einen Sprecher im Off.

5 **Der Feinschliff: Effekte für Ihren Film** 159
- Welche Effekte gibt es?
- Wie unterlege ich Effekte mit Musik?
- Wie erstelle ich eine Bauchbinde?
- Wie gestalte ich einen Filmeffekt?

6 **Das Ende des Films** 225
- Wie Sie mit etwas Feinschliff einen guten Film erzeugen.
- Wie Sie einen Film kürzen, um Tempo zu erzeugen.
- Wie Sie einen zu kurzen Film mit einigen Tricks verlängern können.

7 **Power Editing** 237
- Wie erstellen Sie in kürzester Zeit gute Filme?

Index 247

Inhalt

Auf einen Blick 3
FAQ 10
Vorwort 12

1 Grundlagen für den guten Schnitt 15
  1.1 Die Aufgabe 16
        Das erste Bild 16
        Ihnen fehlt es an guten Bildern? 16
  1.2 Technische Grundlagen des Schnitts 17
  1.3 Schnitttechniken 18
        Harter Schnitt 18
        Weicher Schnitt: Blenden 19
        Unsichtbare Schnitte 21
        Sichtbare Schnitte: Effekte 23
        Schnitt und Musik 25

2 Mit der Kamera in der Hand 27
  2.1 Ein Konzept ist ein Konzept ist ein Konzept 28
        Storyboard 28
        Drehplan 29
        Anwendung des Konzepts 29
        Hartnäckigkeit siegt: Qualität muss sein! 30
  2.2 Woher kommen die Ideen? 30
        Sich in die Lage der Zielgruppe versetzen 31
        Ungewöhnliche Fragen stellen 31
        Alle Ideen sind erlaubt! 32
        Ideen durch Nachahmen 32
        Ideen durch Musik 32
        Das Konzept unseres Beispielfilms 33
  2.3 Der Bildausschnitt – die Qual der Wahl 33
        Totale 34
        Halbtotale 34
        Halbnahe 35
        Amerikaner 36
        Nahe bzw. Close 36
        Großaufnahme 36
        Detailaufnahme bzw. Superclose 37
        Einstellungen verbinden 38
  2.4 Bilder komponieren 38
        Dynamische und statische Bildkomposition 39
        Einfach oder komplex 41

2.5	Perspektive: Wo steht ein Kameramann?	41
	Vogelperspektive	42
	Augenhöhe	43
	Subjektive	43
	Froschperspektive	43
	Kameraposition wechseln	44
2.6	Kameraschwenk	46
	Das Problem	46
	Die Lösung	47
	Kriterien für einen guten Schwenk	47
	Schwenk und Bildausschnitt	48
	Schwenkende	49
	Bitte vermeiden Sie zu lange Schwenks!	50
	Vertikal schwenken	51
	Kombiniert schwenken	53
2.7	Zoom	55
	Gründe für oder gegen ein Zoom	55
2.8	Kamerafahrt	57
2.9	Fingerübung	58
2.10	Den Anschlussschnitt mit der Kamera vorbereiten	59
	Perfekter Anschluss	60
	Beispiel für einen Anschlussschnitt mit nur einer Kamera	61
2.11	Geplante Kameraeffekte	61
	Riss	62
	Transition	64
	Stopp-Trick	65
2.12	O-Ton und Interviews aufnehmen	68
	O-Töne	68
	Interview mit und ohne Interviewer	69
	Tipps für gute Interviews	70
	Situative O-Töne	71
3	**Der erste Schnitt – das erste Bild**	**75**
3.1	Vorüberlegungen	76
	Das werte Publikum	76
	Der Schnitt und die Wahrheit	77
	Der Anfang ist das Schwierigste	78
3.2	Digitalisieren und aufnehmen	79
3.3	Die ersten Bilder	82
	Video-Effekt Stopp-Trick	83

3.4	Musik und Bild, die Erste	85
	Anschlussschnitte	85
	Close mit O-Ton im On und Off	88
	Die Blickrichtung des Protagonisten: mögliche Fehler	89
	Anschlussfehler	89
	Situative O-Töne und Musik	91
3.5	Der Titel – schlicht bestictt	92
3.6	Die guten O-Töne	94
	Weißblitze vermeiden	95
	Vorziehen von O-Ton	96
3.7	Schnittfehler	100
	Anschlussfehler 1	100
	Bild- und Tonsprung	100
	O-Ton-Fehler	100
	Fehlbild	101
	Unbegründeter Riss	101
	Anschlussfehler 2	102
	Thematischer Anschlussfehler	103
	Fehlersammlung	104
	Bewegung abgeschnitten	105
	Kameraschnitt in der Blende	105
3.8	Was kennzeichnet guten und schlechten Schnitt?	106
	Katastrophen im Schnitt	106
	Top 10 der schönen Stilmittel	107
4	**Story-Telling**	**109**
4.1	Montage der Abfolge	110
4.2	Montage durch Anschlussschnitt	110
4.3	Montage von Parallelen	111
	Kamerafehler verdecken	115
	Trenner durch Schwarzblende	119
	Anschlussproblem lösen	119
	Wegsprung	120
	Kamerazufahrt simulieren	121
	Drehfehler beheben	122
	Clip spiegeln	123
	Übersehen Sie schon einmal Details!	123
	Spannung erneuern	125
	Fehlende Bilder erklären	126
4.4	Grafische Montage	127

4.5	Parallelmontage	128
4.6	Symbolartige Montage	129
4.7	Montage eines roten Fadens	129
4.8	Der Trenner	130
	Der klassische Trenner: harter Übergang	131
	Trennen durch Ein- und Ausblenden	132
	Trenner mit Effekt	133
	Zusammenziehen	133
	Blende mit Blur	134
	Trenner ohne Trennbild, 1	135
	Trenner ohne Trennbild, 2	136
	Die Blickrichtung lenken per Trenner	137
	Tontrenner	142
4.9	Musik gescheit geschnitten	143
	Musik auf Länge schneiden	143
4.10	Informationen bekömmlich	146
4.11	Off-Texte erstellen: das Wort aus dem Off	147
	Konzept für den Text	147
	Text ausformulieren	150
4.12	Spannen Sie den Bogen	153
	Spannungsbogen aufbauen	155
	Höhepunkte unseres Films	156
5	**Der Feinschliff: Effekte für Ihren Film**	159
5.1	Der Key	160
	Was ist ein Key?	160
	Key-Signal	161
	Key-Kanal	162
	Key invertiert	163
	Fazit Keys	166
5.2	Wipe	167
5.3	Musik, die Zweite	168
	Die richtige Musik zum richtigen Bild	168
	Musik bearbeiten	169
5.4	Grafische Montage mit Musik	171
	Ein alter Freund: Der Key	171
	Fingerübung für Fortgeschrittene: Key und Tracking	174
	Eine leichte Fingerübung für Fortgeschrittene: der Key als Fehlerkorrektur	174

5.5	Die Bauchbinde	175
	Bauchbinde 1: Nur Text	175
	Bauchbinde mit Hintergrund	176
	Bauchbinden im titelsicheren Bereich	178
	Bauchbinde mit Effekt	178
	Bauchbinden variieren	183
	Bauchbinden bewegen	184
5.6	Grafik und Effekt mit After Effects	185
	Die Aufgabe	186
	Das Ziel	186
5.7	Multi-Picture: Bilder bis zum Abwinken	196
	Multi-Picture mit Hintergrund	197
	Multi-Picture für Fortgeschrittene	199
	Multi-Picture in Kombination mit anderen Effekten	200
5.8	Quad-Split	202
	Quad-Split: Variante 1	202
	Quad-Split: Variante 2	203
	Ein gefärbter Quad-Split in After Effects	204
5.9	Weitere Effekte	206
	Spiegeln	206
	Lichtsäule: Multi-Picture-Variante 3	207
	Blitz	211
	Multiplizier-Effekt	212
5.10	Zeiteffekte	214
	Echo	214
	Zeitlupe und Zeitraffer	214
	Reiß-Zooms	215
5.11	Filmeffekte	216
	Filmeffekt analysieren	217
	Schnittmarke erzeugen	217
	Kratzer	218
	Haare	220
	Film-Rüttler	221
5.12	Maßvoller Effekteinsatz	222

6 Das Ende des Films ... 225

6.1	Feinschliff	226
	Tipps zum Feinschliff	227
6.2	Geräusche gehören zum guten Ton	227
	Geräusche nachstellen	228

6.3	Das letzte Bild: Das ist das Ende!	229
	Filmende mit Musik	230
6.4	Short Story – wenn der Film zu kurz ist	230
	Foto-Effekt	232
6.5	Lange Story – lange Gesichter	234
	Episoden entbehren	234
	Kleinkram löschen	234
	Framefucking	235
7	**Power Editing**	**237**
7.1	Schnell und gut	238
	Digitalisieren	239
7.2	Schnitt radikal	239
	Immer feiner werden	240
7.3	Informationen transportieren	241
7.4	Feinschliff flott	242
7.5	Klassiker und Experiment	244
	Index	**247**

FAQ

Kameraführung
Wie zoome ich richtig? 55
Wie filme ich einen guten Schwenk? 47
Wie erstelle ich Effekte mit meiner Kamera? 61
Wie drehe ich ungewöhnliche Bilder? 42

Schnittgrundlagen
Was kennzeichnet guten und schlechten Schnitt? 106
Wie finde ich meinen eigenen Stil? 244
Was muss ich beim Schnitt unbedingt vermeiden? 106
Was darf man zeigen, was nicht? 77

Wie fange ich an?
Wie gestalte ich einen guten Anfang? 78
Brauche ich zuerst die Musik oder zuerst das Bild? 168
Woher kommen die Ideen? 30

Spezielle Schnitte
Wie gebe ich einen Überblick? 34
Wie drehe ich eine gute Panoramaaufnahme? 47
Wie drehe ich ein gutes Interview? 69
Wie kann ich Informationen vermitteln? 146

Den Film überzeugend gestalten
Wie stelle ich einen Bezug zwischen Hauptobjekt und Umgebung her? 35
Wie stelle ich etwas Wichtiges heraus? 36
Wie versetze ich meine Zuschauer in einen andern Raum/eine andere Zeit? 131
Wie mache ich deutlich, dass Zeit vergangen ist? 126
Wie wechsele ich am sinnvollsten die Perspektive? 59
Wie kann ich zwei Themen verbinden? 111
Wie vereinfache ich eine Bildaussage? 41
Wie kann ich Bildelemente hervorheben? 138
Wie vermeide ich logische Fehler? 29
Wo soll ich die wichtigsten Elemente platzieren? 136
Ich habe nur wenig Zeit. Wie kann ich trotzdem einen guten Film schneiden? 238

Mir fehlt es an guten Bildern? 16
Wie lasse ich mein Material alt aussehen? 216
Wie kann ich mein Kameramaterial verschönern? 198

Schnittprobleme lösen
Welche Schnittfehler gibt es, und wie kann ich sie vermeiden? 100
Ich komme nicht weiter! Was kann ich tun? 87
Mein Film ist zu kurz. Was kann ich tun? 230
Mein Film ist zu lang. Was kann ich tun? 234
Was mache ich, wenn Bilder fehlen? 112
Wie kann ich überflüssige Teile aus dem Bild entfernen? 122

Spannung erzeugen, Zuschauer fesseln
Wie kann ich meinen Film aufpeppen? 231
Wie bringe ich den Zuschauer dazu, sich mit dem Protagonisten
   zu identifizieren? 43
Wie bringe ich mehr Tempo in meinen Film? 235
Wie bringe ich Ruhe in ein Bild? 39
Wie halte ich meinen Film spannend? 155
Wie kann ich eine Aussage verstärken? 23
Wie mache ich meine Aufnahme dynamischer? 41

Ton und Musik
Ich habe mit dem Ton Probleme. Was kann ich tun? 228
Wie erhalte ich gute O-Töne von Kindern? 68
Wie kann ich O-Töne bereinigen? 94
Wie verdecke ich Versprecher im O-Ton? 71
Wie unterlege ich meinen Film mit Musik? 168

Das Ende
Wie beende ich meinen Film? 229
Was muss ich beachten, wenn ich mit meinem Videoschnitt
   fertig bin? 227

Vorwort

Es gibt ihn, den wahren und richtigen Schnitt. Immer. Wenn Sie dies lesen, haben Sie vermutlich das 40- bis 80fache des Preises dieses Buchs investiert, um nicht nur Filme in für Sie vertretbarer Qualität aufzunehmen, sondern auch zu bearbeiten. Und was dabei rauskommen soll, muss sich an den Sehgewohnheiten Ihrer Zuschauer messen lassen können.

Ist das nicht ungerecht? Sie haben wahrscheinlich diesen Job nicht gelernt. Aber irgendwie geht jeder davon aus, dass er ein professionelles Produkt konsumiert, sobald die Raumbeleuchtung verringert und der Fernseher eingeschaltet wird. Das ist sicher eine schlechte Nachricht. Die gute: man kann guten Schnitt lernen! Dabei spielt es keine Rolle, ob Sie den abendfüllenden Familienfilm, eine Dokumentation über ein wissenschaftliches Projekt, einen Experimentalfilm oder eine Präsentation für die Firma herstellen möchten – die Spielregeln sind immer die gleichen.

Wenn Sie wissen, worauf Sie achten müssen, werden Sie schnell die nötigen Erfahrungen machen können. Und darum geht es in diesem Buch. Mit der Kenntnis über Ihr Handwerkzeug gehen Sie raus, filmen, schneiden und werden sehen, was funktioniert und was nicht.

Dieses Buch versteht sich nicht als Bibel für den Profi, sondern als Richtlinie und Motivationsquelle für Anfänger, Auszubildende und Semi-Profis.

Mein Dank geht an **Daniela Reiher** und **Bettina Schneider** für die wundervolle Zusammenarbeit, ihre Geduld und ihre Freundschaft. An **Wolfgang Hess** für die Initialzündung, unzählige fachliche und freundschaftliche Gespräche, seine unermüdliche Hilfe und die immer fachlich korrekten Kritiken. An **Peter Heynen** für seine sensationellen Ratschläge besonders in der After Effects-Abteilung und sein Engagement auch zu unchristlichsten Zeiten, an **Bernhard Lochmann** für seine Arbeit als Ratgeber und Kameramann, an **blue valley Filmmusik** in Kassel für die spontane Zusage und völlig unbürokratische Zusendung der Musik, an alle Kollegen und Praktikanten der ProSieben Produktion und der Redaktionen, die mich mit ihren Fragen und Antworten immer unterstützt haben, und natürlich an **Ruth Wasserscheid** von Galileo Press für ihre Arbeit an diesem Buch und ihre schier unendliche Begeisterungsfähigkeit.

Besonders danken möchte ich meinen Kindern **Miriam** und **Leon** für ihre unglaubliche Geduld und das überraschend große Verständnis, für schlaue Fragen und konstruktive Filmkritik, und meiner Frau **Katharina** für die liebevolle und unermüdliche Unterstützung in jeder Beziehung. Ihr seid die Besten!

Vagen, im Oktober 2005
Axel Rogge

1 Grundlagen für den guten Schnitt

Schärfen Sie Ihr Auge für guten Videoschnitt.

Sie werden lernen:
- Was ist ein guter Schnitt?
- Wofür braucht man ihn?
- Schneiden Sie im Kopfkino!
- Welche Schnittarten gibt es?

> **Die Buch-DVD**
>
> Ihre Buch-DVD enthält neben den Filmen (Unterverzeichnis Filme) auch alle Projektdaten. Das Projekt gecko-glas.prproj kann mit Premiere Pro 1.5 geöffnet werden. Sollten Sie ein anderes Schnittprogramm verwenden, können Sie die Schnittlisten (*.EDL) im CMX 3600-Format importieren und so in Ihrer gewohnten Schnittumgebung alle Schritte dieses Buchs nachvollziehen. Falls Sie noch keine Schnittsoftware haben, können Sie zwar nicht mit dem Rohmaterial arbeiten, aber anhand der Filmbeispiele dem Buch folgen.

Die schönsten Video-Aufnahmen kommen erst durch einen guten Schnitt zur Geltung. Und selbst aus schlechtem Kameramaterial wird in den Händen eines guten Video-Editors eine gute Geschichte.

1.1 Die Aufgabe

Sie kennen das: endlich ist das Rohmaterial von der Kamera auf Ihrem Computer gelandet. Und jetzt stehen Sie vor einem Riesenhaufen Bilddaten, der durch Ihren Einfluss einen Sinn bekommen sollen. Na super! Das klingt nach einer Sisyphos-Arbeit. Ich darf Ihnen verraten: Es ist auch eine!

Das erste Bild

Allein die Auswahl des ersten Bildes kann einem eine kontrastreiche graue Strähne wachsen lassen. Warum ist das erste Bild so wichtig? Wie sucht man es aus? Und was schneidet man dahinter?

Mit den ersten Bildern fangen Sie den Zuschauer ein. Wenn die ersten 30 Sekunden nicht wirklich gut sind, hat Ihr Werk es unglaublich schwer, die Aufmerksamkeit wieder auf sich zu ziehen. Warum sonst beginnen manche Filme mitten in der Story? Weil da die Action, die Spannung ist oder die wirklich tollen Bilder kommen. Und im darauf folgenden Fünftel bis Drittel des Filmes kann man dann in Ruhe erzählen, wie es zu diesen atemberaubenden Szenen gekommen ist. Aber der Zuschauer ist, was er sein soll: gefesselt.

Unmöglich für Sie? Sicher nicht. Nehmen Sie erst einmal **ein** erstes Bild, auch wenn es vielleicht nicht das stärkste ist und Sie Ihre Story nachher ganz anders schneiden. Aber wenn Sie nicht mit einem Bild anfangen, hat das zweite Bild wirklich ein Problem!

Ihnen fehlt es an guten Bildern?

Das Problem wird sich lösen, wenn Sie wissen, wie Sie die Bilder montieren können. Ein guter Kameramann weiß ziemlich genau, was ein Video-Editor braucht. Und Sie können beides werden.

Dazu werde ich immer wieder die »Kopfkino«-Methode anwenden. Verwenden Sie dabei das beste, flexibelste und preisgünstigste Special-Effects-Studio ganz in Ihrer Nähe: Ihre Vorstellungskraft. In Echtzeit. Am besten üben Sie das ein paar Mal, indem Sie nach der Lektüre einer solchen Szene die Augen schließen und die erzeugten Bilder in einem kleinen Film zusammen schneiden. Wenn Sie das während des Lesens können, sind Sie schon ein Fortgeschrittener.

1.2 Technische Grundlagen des Schnitts

Allgemein richtig ist wohl, dass ein guter Schnitt dem Film dient. Also in Aussage, Zielsetzung und Ausführung den Film (das Feature, den Beitrag, den Bericht, das Familienvideo) unterstützt. Zu allgemein? Stimmt. Aber wenn es genauer sein soll, wäre die richtige Antwort »kommt drauf an«. Auch nicht viel besser. Hier ein paar Grundlagen, worauf es im Schnitt ankommt.

Wenn Ihre Kamera für den westeuropäischen Raum gebaut wurde, so erzeugt sie Bildsignale nach dem PAL-Standard ■. Der sieht vor, dass in einer Sekunde 50 **Halbbilder**, nämlich abwechselnd die geraden Zeilen Nr. 2, 4, 6 etc. und die ungeraden Zeilen eines Fernsehbildes aufgezeichnet werden. Diese Halbbilder – man spricht da auch von **Fields** – setzen sich zu 25 ganzen Bildern pro Sekunde zusammen. Diese Einzelbilder nennt man auch **Frames**. Kinofilm hingegen verwendet 24 Vollbilder pro Sekunde, da dort jeweils ein ganzes Bild belichtet wird.

> **PAL**
> Fernsehstandard in Europa, Afrika und Asien. Das Modell wurde ursprünglich von Telefunken entwickelt und steht als Abkürzung für Phase Alternation by Line.

Wenn man weniger als 24 Bildern pro Sekunde wiedergibt, ruckeln die Bewegungen, da das menschliche Auge bis zu 23 Bilder pro Sekunde auflösen kann. Erst bei einer höheren Bildfrequenz verschwimmen die Bilder und ergeben eine flüssige Bewegung. Die 50 Halbbilder wurden für den Fernsehstandard gewählt, weil alle elektrischen Geräte hier einen gemeinsamen Taktgeber haben: die Frequenz des Wechselstroms aus der Steckdose. Der wechselt nämlich 50-mal pro Sekunde die Pole, ist das nicht praktisch?

Spannend wird es im Videobereich dann schon bei der nächsten Größenordnung, dem **Bild**. Ja, hatten wir ja schon, Vollbild und Halbbild. Aber Bild hatten wir noch nicht. Damit bezeichnet man eine Abfolge von Einzelbildern von einem Schnitt bis zum nächsten. Und damit es nicht langweilig wird, nennt man das, was zwischen dem einmaligen Ein- und Ausschalten der Record-Funktion Ihrer Kamera auf dem Datenträger landet, einen **Clip** ■. Es wäre ja auch kaum einfacher gegangen. Und weil es so schön ist, darf ich Ihnen auch gleich verraten, dass man eine Aneinanderreihung von Bildern (oder geschnittenen Clips) **Sequenz** nennt. In Ihrem Player-Monitor ist also ein Clip zu sehen, während im Rekorder-Fenster die Sequenz abläuft.

> **Verwechslungsgefahr**
> Zwischen Clip und Video-Clip besteht ein großer Unterschied. Ein Video-Clip ist ein kleiner Film, oft auf Musik geschnitten. Ein Clip hingegen bezeichnet ein Stück Kameramaterial.

Im Fernsehen wird generell von einem Bild oder einer Einstellung gesprochen, wenn eine gedrehte Szene gemeint ist. Wenn es auf das Einzelbild ankommt, wird es mit Frame bezeichnet, damit man nicht durcheinander kommt.

1.3 Schnitttechniken

Die Schnitte können wiederum auf verschiedenen technischen Wegen durchgeführt werden.

Harter Schnitt

Die häufigste Form des Schnittes in einem Film ist sicherlich der harte Schnitt. Das kann in anderen Formen (z. B. bei Film-Trailern) anders sein. Aber für uns hier ist das die wichtigste Schnittart.

Ein harter Schnitt ist ein Bild- oder Tonwechsel ohne jeglichen Übergang, das Material wird einfach hintereinander gehängt:

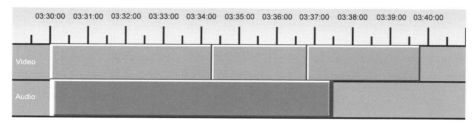

▲ **Abbildung 1.1**
Harte Video- und Audioschnitte

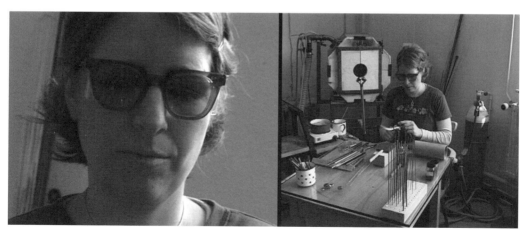

▲ **Abbildung 1.2**
Harter Übergang zwischen zwei Bildern

Weicher Schnitt: Blenden

Auf Platz zwei der Häufigkeits- und Beliebtheitsskala steht die Blende. Sie schafft einen weichen Übergang zwischen zwei Bildern oder zwei Audio-Signalen.

Eine Blende erhöht die Transparenz eines – falls vorhanden – ersten Bildes (das nennt man auch A-Roll), während es gleichzeitig die Transparenz eines zweiten Bildes (analog: B-Roll) verringert. Bild A wird also immer durchsichtiger, während Bild B immer deckender wird. Das kann linear oder in Form eines Kurvenverlaufs geschehen, braucht aber immer seine Zeit (mindestens einen Frame (= Einzelbild) und ist nur durch die Länge der beiden Clips begrenzt.

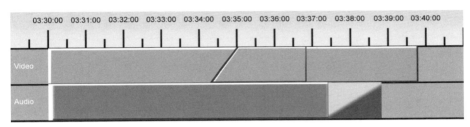

▲ **Abbildung 1.3**
Blende zweier Bilder und am Tonclip-Ende

▲ **Abbildung 1.4**
Vor, während und nach einer Blende

1 Grundlagen für den guten Schnitt

> **Keys – der Schlüssel zu tollen Tricks**
>
> Unglaublich vielfältige Methoden bietet die Technik des **Keys**. Hier werden Gemeinsamkeiten eines Bildes – seien es Helligkeits- oder Farbwerte – bzw. zweier Bilder (im so genannten Differenzkey) als Transparenzvorschrift verwendet. Klingt zwar kompliziert, ist es aber auch. Im Kapitel 5 wird die Technik des Keys ausführlich besprochen.

Die **Form der Blende** – ob linear oder kurvig – hängt im Videobereich vom persönlichen Geschmack des Editors ab. Die Unterschiede sind bei Blende bis zu einer Dauer – man spricht hier auch von Transition – von zwei Sekunden gering und auch dann nur am Anfang und am Ende der Blende erkennbar, daher seien Sie nicht traurig, wenn Ihnen Ihr Schnittprogramm nur die lineare Art der Blende anbietet.

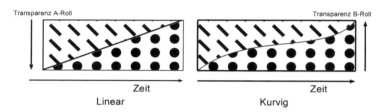

Abbildung 1.5 ▶
Zeitlicher Verlauf linearer und kurviger Blenden

> **Wipe**
>
> Der »Wischer« unter den Bildübergängen entsteht dadurch, dass Bild B über Bild A in einem vorher festgesetzten (meist grafischen) Muster »gewischt« wird, indem dieses Muster und somit der Anteil von Bild B immer größer wird.

Wenn Sie ein **Wipe** ■ verwenden, bekommt der Übergang von A- zu B-Roll eine grafische Form. Diese wird durch die Art des Wipes bestimmt. In Ihrem Schnittprogramm sind sicherlich verschiedene geometrische Wipes zu finden.

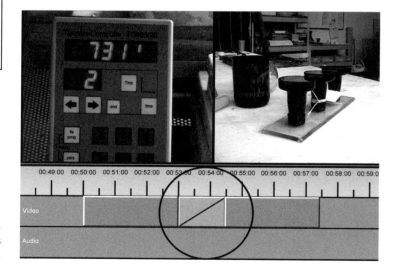

Abbildung 1.6 ▶
Ein Wipe wird auf zwei Clips angewandt.

◄ **Abbildung 1.7**
Und so sieht das Video-Bild dazu aus.

Unsichtbare Schnitte

Man muss ganz grob zwei Arten von Schnitten unterscheiden: diejenigen, die man sehen darf, und die anderen, die man nicht sehen oder bemerken darf. Letztere sind eindeutig in der Mehrzahl.

Einen guten »unsichtbaren« Schnitt zu beherrschen ist um ein Vielfaches wichtiger als ein ganzer Strauß fluffiger Video-Effekte. Wenn Sie eine Geschichte filmisch zu erzählen haben, sollten Sie das Augenmerk des Betrachters auch auf die Geschichte lenken und nicht auf sagenhafte vorgefertigte Effekte. Vielleicht noch mit bunten Rändern in Pseudo-3D (Kopfkino: angewidertes Cutter-Schütteln).

Bestes Beispiel für einen unsichtbaren Schnitt ist wohl der **Anschlussschnitt** ■. Hier wird durch einen meistens harten Schnitt beim Betrachter das Gefühl erzeugt, dass Sie mit mehreren Kameras gedreht haben. Und unter uns: Manchmal wird sogar tatsächlich mit mehreren Kameras gedreht! Ich hoffe, dass ich jetzt kein Betriebsgeheimnis ausplaudere: Viele TV-Redakteure greifen neben dem professionellen Kamerateam auch noch auf selbst gedrehte DV-Bilder zurück, um eine größere Bilder- und Perspektivenauswahl zu erhalten. Und wenn die Lichtverhältnisse günstig sind, ist eine Aufnahme mit einer 3-Chip-DV-Kamera von der einer professionellen Betacam (das ist ein Profi-Video-Format) überraschend schwer zu unterscheiden.

Aus der Sicht des Kameramannes sind Anschlüsse aber auch dadurch konstruierbar, dass entweder die gedrehten Aktionen präzise wiederholt werden oder aber die Kamera während einer wiederkehrenden Aktion ihre Position und den Bildausschnitt ändert.

> **Anschlussschnitt**
> Unter einem Anschlussschnitt versteht man die Fortsetzung der letzten Bildaktion aus einer anderen Perspektive.

Kopfkino: Wenn sich ein Mann auf einer Wiese zu einer Blume beugt, um sie zu pflücken, ist der logische Anschlussschnitt die Blume, wie sich die Hand ihr nähert und sie dann pflückt. Und ab hier haben Sie es voll in der Hand, was für eine Geschichte Sie erzählen wollen.

- Wenn Sie auf dem tropfenden, ausgefransten und sterbenden Stängel in der Wiese bleiben, wird Ihr Werk vermutlich eher in der ökologischen Ecke angesiedelt. Obwohl – man könnte den Stängel auch als Symbol verwenden, dann hätte dieses Bild noch einmal eine andere Bedeutung (siehe Montage von Symbolen im Kapitel 4).
- Verfolgen Sie jedoch die Blume bis zu dem Zeitpunkt, wo sie ein charmantes Lächeln bei einer ebensolchen Dame erzeugt, erzählen Sie eher eine Liebesgeschichte.

Aber wie auch immer, wenn Sie die Anschlussschnitte korrekt ausgeführt haben, wird der Zuschauer sie gar nicht bemerken – er ist sofort in der Story drin. Drei Bilder und zwei Schnitte reichen dafür völlig aus.

Seltener, aber deshalb nicht schlechter sind **Blenden im Anschluss**. Hier ist eine zweite Kamera fast zwingend notwendig, damit der Anschluss auch wirklich perfekt passt. Die folgenden Abbildungen zeigen eine Anschlussblende.

▲ Abbildung 1.8
A- und B-Roll einer Anschlussblende

1.3 Schnitttechniken

◀ Abbildung 1.9
Während der Anschlussblende

Solche Anschlussblenden funktionieren natürlich auch, wenn Sie einen präzise wiederholten Vorgang von mehreren Seiten drehen können. Dabei ist es manchmal nicht ganz einfach, den perfekten Anschluss zu finden. Ich orientiere mich bei Anschlussschnitten eigentlich immer an Bewegungen im Bild. In unserem Beispiel: Wann wird der Arm zurückgenommen, wann berührt die Hand den Regler?

Suchen Sie nach einer **Synchronisationsbewegung**, schneiden (oder trimmen ■) Sie dann von A-Roll den Rest nach dem Sync-Punkt weg, suchen Sie sich die gleiche Stelle auf dem B-Roll, schneiden Sie dort den Teil davor weg, und legen Sie die beiden Clips aneinander. So erhalten Sie einen perfekten Anschlussschnitt. Und wenn Sie den blenden möchten, legen Sie eine Blende über den Schnitt.

Trimmen
Beschneiden von Videomaterial in seiner Lauflänge.

Sichtbare Schnitte: Effekte
Anders sind die sichtbaren Schnitte zu erzeugen, die eigentlich alle in die Effekt-Ecke gehören ■.

Entsprechende Beispiele finden Sie auf der Buch-DVD in der Datei effekte.avi.

Jump Cuts nennt man z. B. Schnitte, die aus drei oder mehr gezoomten Bildern bestehen, wobei der Zoom selber rausgeschnitten wird. Harte Schnitte auf **Musikrhythmus** werden durch Musikimpulse betont und so deutlicher wahrgenommen.

Die berühmten **Video-Effekte** sind in den meisten Fällen sichtbar und sollen wenn möglich als Stilmittel oder zur Verstärkung der Aussage verwendet werden.

Effekte
Die gängigsten Video-Effekte sind Key, Wipe, 2D- und 3D-Effekt. Während Wipes und 2D-Effekte mittlerweile jedes Schnittprogramm in guter Qualität beherrscht, gibt es für 3D und Keying Spezialprogramme wie Adobe After Effects, Commotion, Cinema 4D und Lightwave, die oft deutlich bessere Ergebnisse liefern als die Schnittsoftware.

23

▲ Abbildung 1.10
Jump Cut, erster Teil

▲ Abbildung 1.11
Jump Cut, zweiter Teil

Als positives Beispiel seien hier die Bild-in-Bild (Picture-in-Picture)-Montagen der Serie »24« genannt, mit deren Hilfe der Zuschauer aus einer – natürlich möglichst spannenden – Szene herausgerissen wird, einen Überblick der zeitgleich verlaufenden Handlungsstränge vermittelt bekommt und auch noch einigermaßen sanft in einen anderen Handlungsstrang eingeführt wird. Die Geschichte kann somit viel dichter, spannungsgeladener und abwechslungsreicher erzählt werden, als es mit »Establishing Shots«, also nur der Ortsangabe dienenden Einstellungen, möglich wäre. Gleichzeit ergibt sich durch das Picture-in-Picture-Design eine schöne grafische Möglichkeit zur Einblendung der Uhrzeit der Handlung und – last not least – zur Einbindung des Werbeblocks in die Serie.

Schnitt und Musik
Eine der wichtigsten Rollen spielt bei einem guten Schnitt überraschenderweise die Musik. Wenn Sie für eine Szene die Musik auswählen, geben Sie sich größtmögliche Mühe, und geben Sie auch dann nicht auf, wenn Sie lange brauchen, um das Richtige zu finden. Vielleicht suchen Sie selbst dann weiter, wenn Sie schon etwas Passendes gefunden haben: Das Bessere ist des guten Feind ... Da Musik ein so wichtiges und nicht gerade leichtes Thema ist, bekommt sie auch einen eigenen Platz in diesem Buch – wenn Sie neugierig sind, schauen Sie in Kapitel 4 nach.

Die verschiedenen – eher technisch unterschiedlichen – Arten des Schnitts möchte ich von der ästhetischen Aneinanderreihung geschnittener Szenen abgrenzen. Das deutsche Wort »Schnitt« bezeichnet sowohl das eine als auch das andere, der Sinn geht meist erst aus dem Kontext hervor. Aber wenn jemand einen Oscar für den Schnitt erhält, bekommt er ihn sicher nicht für technische Korrektheit der Anschlussschnitte. Die ist nur eine Voraussetzung. Prickelnd wird es, wenn wir zum inhaltlichen oder regiehaften Teil des Schnittes kommen, den ich zur besseren Unterscheidung Montage nennen möchte. Hier sprechen wir von einer kraftvollen Einflussnahme auf den Film. Selbst wenn Sie einen kompletten Kurzfilm auf Anschluss gedreht haben, können Sie im Schnitt noch immer eine völlig andere Geschichte aus dem Kameramaterial machen! Die Entscheidung liegt bei Ihnen. Wichtig ist selbstverständlich, dass Ihr Kameramaterial überhaupt zu verwenden ist. Und dafür sorgen wir im nächsten Kapitel.

2 Mit der Kamera in der Hand

Wissenswertes über die Kameraführung

Sie werden lernen:
- Woran muss man vor dem Dreh denken?
- Was muss ich bei der Drehplanung beachten?
- Welchen Bildausschnitt soll ich wählen?
- Wie komponiere ich meine Bilder?
- Wie drehe ich ein gutes Zoom, einen Schwenk oder eine Kamerafahrt?
- Wie komme ich an einen guten O-Ton?

Je besser das Kameramaterial ist, umso leichter ist der Schnitt. Ersparen Sie sich lange Schnittnächte, und denken Sie schon während der Planung des Drehs und hinter der Kamera an den Schnitt.

2.1 Ein Konzept ist ein Konzept ist ein Konzept

Was gibt es Schöneres als einen guten Plan? Wenn ein guter Plan funktioniert. Sollten Sie Ihren Dreh planen können, weil Sie die darzustellende Umgebung und das Thema kennen, planen Sie!

Storyboard
Eine sehr gute Planungshilfe sind Fotos, mit der digitalen Kamera gemacht und mit entsprechenden Kommentaren versehen – so etwas nennt man Storyboard.

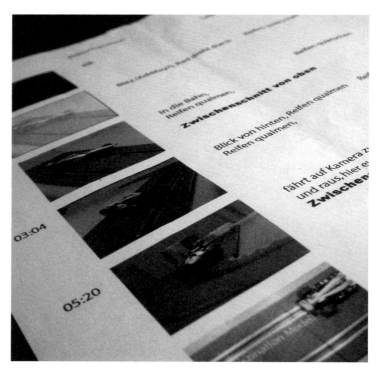

Abbildung 2.1 ▶
Storyboard

Die endgültige Form eines Storyboards bestimmen Sie und die Anforderungen Ihres Projektes. Wenn Sie einen Werbespot drehen, brauchen Sie schon beim Storyboard die ungefähre Länge der einzelnen Bilder, damit Sie wissen, wie viele Einstellungen Sie drehen müssen. Bei einem Imagefilm für Ihre Firma sind die genauen Timecodes nicht so wichtig. Hier stehen im Storyboard die jeweiligen Inhalte und die von Ihnen gewählte Art der Darstellung im Vordergrund.

Drehplan
Bei längeren Industriefilmen reichen auch Symbolbilder für jede einzelne Szene (im Gegensatz zur einzelnen Einstellung). Hier ist es eher vonnöten, auch einen Drehplan zu erstellen, damit Sie einen Drehort nicht dreimal aufsuchen müssen. Der Drehplan wird aus dem Storyboard erstellt, indem man sich überlegt, was man zuerst dreht, wo man es dreht, was man dazu braucht und was man dort noch drehen kann. Denn wenn eines richtig Zeit kostet beim Dreh, dann sind es Umbauten. Wenn Sie nur mit der Kamera bewaffnet sind, ist das kein Problem. Aber wenn Sie mit Scheinwerfern und womöglich noch Akkulader, Stativ, Zubehörtasche und Mikrofon beladen sind, kann ein Wechsel zu einem Ort, an dem Sie schon gedreht haben, ärgerlich werden.

Anwendung des Konzepts
Wenn Sie ein Konzept erstellen, gehen Sie es mehrmals durch, und beleuchten Sie es von allen Seiten. **Logische Fehler** sind meist schwer durch den Schnitt zu korrigieren, und ein Nachdreh ist nicht immer möglich. Daher sollten Sie beim Dreh auf jeden Fall mehr Bilder drehen, als das Konzept vorsieht. Vielleicht haben Sie ja bei der Planung doch etwas übersehen und können diesen Fehler mit dem »Bonusmaterial« ausbügeln. Aber halten Sie sich grundsätzlich an das Konzept oder Storyboard. Haken Sie ab, was Sie schon gedreht haben.

Wenn Sie nach einem groben Storyboard drehen, so machen Sie sich ruhig die Mühe, und drehen Sie jede Szene drei- oder viermal aus verschiedenen Blickwinkeln und Bildausschnitten. Denken Sie dabei an das Zentrum des Interesses, und Sie werden wissen, welche Dinge Sie sehr nah und welche eher aus der Distanz drehen müssen.

Wenn Sie hingegen einen avantgardistisch-experimentellen Kurzfilm erstellen wollen, sollten Sie kein Storyboard zum Dreh mit-

---

Kopfkino-Methode

Eine große Hilfe ist auch dabei die Kopfkino-Methode. Wie schnell haben Sie sich etwas vorgestellt und wie schwer ist es, diese Vorstellung zu realisieren! Wenn Sie Ihr privates Kopfkino trainieren und dabei auf die klassischen Schnittregeln weiter unten achten, können Sie sehr schnell ein Storyboard erstellen, das Ihnen beim Dreh wirklichen Nutzen bringt. Jede Einstellung ist dann bereits genau definiert: Bildausschnitt und Kamerabewegungen sind vorher festlegbar und müssen dann »nur noch« realisiert werden.

nehmen, sondern lieber noch ein paar Kameras mit recht begeisterungsfähigen und talentierten Kameraleuten. Drehen Sie, was das Zeug hält, machen Sie den größten Unsinn Ihres Lebens, Sie können das Band ja immer noch löschen, wenn die Bilder nicht funktionieren. Aber in diesem Fall brauchen Sie immer mehr Bilder, als Sie denken. Genauer gesagt sogar noch mehr Bilder. Reißen Sie die Kamera rum, drehen Sie sie auf den Kopf, nutzen Sie jede nur erdenkliche und zufällige Möglichkeit der Bilderzeugung aus. Im Schnitt werden Sie Ihren Spaß an den Bildern haben, und dann macht auch der Schnitt Spaß.

Hartnäckigkeit siegt: Qualität muss sein!
Für einen durchgeplanten Film brauchen Sie eine ordentliche Portion Durchhaltevermögen. Geben Sie nicht auf, bis nicht jeder einzelne geplante Fitzel in zufrieden stellender Qualität auf Band ist. Auch nicht nach neun Stunden Dreh! Seien Sie bloß nicht zu lieb zu Ihren Hauptpersonen. Wenn etwas nicht geklappt hat, wiederholen Sie die Szene ruhig zehnmal.

Der klassische Spruch für den Protagonisten fängt an dieser Stelle mit den Wörtern »Das war schon sehr schön, aber ...« an. Wenn Ihr Protagonist kein Profi ist (und manchmal auch dann, wenn), werden Sie sicher von ihm irgendwann im Geiste mit unhöflichen Attributen versehen werden. Aber wenn's beim elften Mal klappt und Sie ausgiebig Lob spenden, ist alles schnell vergessen. Hier möchten sich bitte besonders die Hersteller von firmeneigenen Filmen angesprochen fühlen. Den Spruch »das machen wir im Schnitt« habe ich schon zu oft gehört und deswegen lange Nächte genau dort verbracht. Es gibt nichts Ärgerlicheres als versäumte, aber geplante Bilder, deren Fehlen mühsamst im Schnittraum überdeckt werden muss. Na ja, fast nichts.

2.2 Woher kommen die Ideen?

Ein guter Film lebt von guten Ideen. Je mehr Sie sich mit einem Thema auseinander setzen, umso mehr und bessere Ideen werden Sie dazu bekommen. Steigern Sie sich in die Materie hinein, versetzen Sie sich in die Lage Ihrer Hauptperson, beobachten Sie nach den Gesichtspunkten:
- Was ist außergewöhnlich, einzigartig?
- Was ist skurril, lustig, spannend, beeindruckend?

- Was interessiert mich?
- Was interessiert meine Zielgruppe?

Sich in die Lage der Zielgruppe versetzen
Viele haben bei der Beurteilung der Zielgruppe Schwierigkeiten. Es geht leichter, wenn Sie sich auch in die Lage Ihrer Zielgruppe versetzen. Seien Sie 16 oder 60. Stellen Sie sich vor, Sie kämen gerade aus einer Vorstandssitzung und müssten sich jetzt Ihre Firmenpräsentation ansehen. Was im echten Leben oft hilft, um andere Menschen zu verstehen, können Sie hier perfekt einsetzen, um Ideen zu produzieren. Ideen, die interessant und vor allem relevant für Ihre Zielgruppe sind ∎.

Ungewöhnliche Fragen stellen
Auch das eigene Interesse ist natürlich wichtig und manchmal ebenfalls schwer auszudrücken. Beobachten Sie Details und Feinheiten. Selbst langweiligen Dingen wie einem Büroflur kann man spannende Momente abgewinnen, wenn man ihn von unterschiedlichen Perspektiven anschaut (und von dort dreht) und sich so merkwürdige Fragen stellt wie: »Wie kommt sich der Teppichboden vor? Was haben diese Wände schon gehört? Wie sieht ein Fahrstuhlknopf einen Daumen?« Eine Fahrt über einen Flur, auf dessen Wände halbtransparent Szenen gekeyed (siehe Kapitel »Effekte«) werden, kann je nach Szenenwahl verdammt spannend werden, und ein Daumen, der formatfüllend auf die Kameralinse oder besser auf eine Glasscheibe kurz darüber drückt, hat auch was.

Das Wichtigste aber ist die Frage nach der **Einzigartigkeit**. Bei einem Kind haben Sie da keine Probleme – jedes Kind ist das auf seine Weise. Unter Punkt 2.9 werden Sie eine Fingerübung »Auf dem Weg zum Arbeitsplatz« finden. Bei dieser Aufgabe ist es nicht ganz so leicht, Einzigartigkeiten herauszufinden. Was ist einzigartig an der Straßenbahn? Nichts. An den Menschen, die mitfahren? Wahrscheinlich vieles, aber alles fast unmöglich darzustellen, ohne die Leute zu belästigen oder zu ärgern. Lassen Sie sich davon nicht entmutigen – Sie haben die Kamera, Sie werden den Film selbst schneiden, also sind Sie selbst auch der Chef. Vielleicht bekommen Sie jedoch auf eine freundliche Frage auch eine freundliche Antwort vom Zugführer – und wer redet schon mit seinem Straßenbahnfahrer, wo das doch ausdrücklich verboten ist? Suchen Sie, probieren Sie, und trauen Sie sich. Und Sie werden finden.

Familienvideo

Die Frage nach der Relevanz und der Verträglichkeit für die Zielgruppe gilt sogar für das Familienvideo. Wenn Sie möchten, dass sich Ihre Kinder auch in 20 Jahren den Film gern anschauen, dann führen Sie sie nicht vor, und blamieren Sie die Kids (und damit eigentlich sich selbst) nicht. Zeigen Sie die positiven Seiten, machen Sie einen lustigen Film, ohne sich über die Kinder lustig zu machen. Natürlich können Sie auch mal Tollpatschigkeit, Wut und Trauer zeigen, aber in diesen Fällen sollte die Szene so geschnitten sein, dass sie ein gutes Ende hat – finde ich.

> **Seien Sie selbstsicher!**
> Wenn Ihre Idee steht, für die Zielgruppe relevant ist und Sie sicher sind, dass sie funktioniert – lassen Sie sich von niemandem reinreden, solange der Film nicht in einem definierten Team entstehen soll. Machen Sie Ihren Film genau so, wie Sie ihn für richtig halten. Alles andere wird nix, weil Sie sich sonst verstellen müssen. Auch und gerade im Schnitt kommt das so gar nicht gut.

Alle Ideen sind erlaubt!
Ein Klassiker ist das **Ideen-Killen**. Ganz tolle Argumente sind dabei: gefällt mir nicht, geht so nicht und ach, ich weiß nicht, ob das schön ist. Bevor Sie in diese Schiene rutschen, schreiben Sie in Stichworten erst einmal alle Ideen zusammen, bevor Sie gleich Nein sagen. Ausfiltern können Sie immer noch, und Ihre Ideen verstecken sich nicht aus Angst, dann doch nicht genommen zu werden. Wenn Sie Ihre Ideen vorurteilsfrei notieren, entzünden sich daran oft auch andere Ideen, die vielleicht noch besser oder brauchbarer sind. Also: laufen lassen. In der Fachsprache nennt man das **Brainstorming**: das Hirn so lange durchpusten, bis wirklich alle Ideen auf dem Papier gelandet sind. Verwenden Sie dazu eher mehrere Blätter Papier anstatt die Textverarbeitung Ihres Computers ∎.

Ideen durch Nachahmen
Zwei schöne Quellen für gute Schnitt- und Bildideen sind andere Bilder und Töne. Schauen Sie einmal bewusst Fernsehen, und überlegen Sie sich, wie die das gemacht haben könnten. Woher die Spannung kommt und wie Kamera, Schnitt und Musik die Geschichte verstärken.

Beobachten Sie, wie Natur-Dokus gemacht werden, um das maximale Staunen beim Zuschauer herzustellen. Oft sind es nicht nur die Bilder – genauso spannend kann ein Off-Text sein, der zusätzliche Informationen liefert und nicht nur das erzählt, was der Zuschauer eh schon sieht. Häufig wird dabei ein Höhepunkt recht früh angekündigt, aber dann geht die Geschichte erst einmal woanders weiter. Ist gemein, klappt aber ganz gut.

Ideen durch Musik
Nehmen Sie sich die Zeit, die Filmmusik Ihres Lieblingsfilmes einmal komplett anzuhören. Dabei geschieht vieles in Ihrem Kopf, was Ihnen bei der Ideenproduktion hilft. Versuchen Sie nicht, den Film zu memorieren. Versuchen Sie eher, einen **neuen Film** auf die Musik zu erzeugen. Mittlerweile laufen in meinem Kopf bei entsprechender Musik Filmszenen oder komplette Geschichten ab. Wobei man nicht unbedingt mit der Musik im Schnitt beginnen muss.

Ein anderer Weg ist es, die **Musik schon beim Dreh** zu **berücksichtigen**. Ein beliebter Trick der Filmemacher ist es, den ersten Menschen, der im Film zu sehen ist, die Titelmelodie des Films pfeifen zu lassen. Wenn die vorher feststeht, brauchen Sie noch nicht einmal nachzusynchronisieren. Oder wenn sich Leute zu einer bestimmten

Musik bewegen sollen, nehmen Sie einen tragbaren CD-Player und die Musik mit auf den Dreh. Vieles geht so leichter, und selbst die Profis aus der Abteilung Musik-Video machen das nicht anders.

Andersherum ist es manchmal sehr hilfreich, zuerst eine Szene zu schneiden und dann **mit Musik** zu **unterstützen**. Häufig beobachte ich bei diesem Verfahren, dass die richtige Musik bereits auf den Bildschnitt passt, ohne dass sich der Cutter beim Bildschnitt um die Musik gekümmert hätte. Wenn die Musik dann richtig liegt, wird eine Präzision bis auf den Frame genau erzeugt, d. h., der Schlag (oder Takt oder Impuls) der Musik liegt perfekt auf dem Bild ■.

Vielleicht gibt es also einen universalen menschlichen Rhythmus oder Taktgenerator, der uns unabhängig von Herkunft, Umgebung und Herzfrequenz dazu bringt, an bestimmten Stellen zu schneiden, die Pauken einzusetzen oder einfach den Kopf in eine andere Richtung zu drehen. Auf jeden Fall ist Musik ein besonderer Ideenlieferant: zunächst entspannend (was sehr hilfreich bei der Ideensuche ist), dann konzentrierend und motivierend. Die Wirkung von Musik in Ihrem Film werden wir uns im fünften Kapitel genauer ansehen.

Das Konzept unseres Beispielfilms

Diesem Buch liegt die Herstellung eines kleinen Films über zwei Glaskünstlerinnen zugrunde. Sie stellen Objekte aus Glas her, die nicht nur sehr schön aussehen, sondern auch im Alltag ihre Verwendung finden. Als Filmtitel bietet sich daher »Brauchbare Glaskunst« an.

Damit das Ganze nicht völlig trivial wird, möchte ich in diesem Film die handelsübliche Hinhaltetaktik verwenden.

Nach einer optischen Einführung in das Thema soll zwar gezeigt werden, wie die beiden Künstlerinnen verschiedene Objekte herstellen, jedoch möchte ich nicht immer schon zu Beginn der Arbeit verraten, was gerade hergestellt wird. So kann ich Objekt für Objekt die Arbeitsschritte zeigen und erst zum Schluss das Ergebnis präsentieren.

Wie gesagt – dies ist nur ein Konzept. Drücken Sie die Daumen, dass ich es auch wie geplant durchziehen kann.

2.3 Der Bildausschnitt – die Qual der Wahl

Einfach draufhalten gilt nicht – um ansprechende Kamerabilder zu erzeugen, sollten Sie ein paar Grundregeln kennen. Wenn Sie Ihren

---

Musik und Bildschnitt-Rhythmus

Dieses Phänomen ist – soweit ich weiß – bisher von niemandem erforscht worden, und so habe ich mir meine eigene Theorie dafür zurechtgelegt. Da wir alle Augen- und Ohrentiere sind, haben wir alle einen bestimmten Rhythmus der Wachsamkeit, die von einem zum nächsten Punkt wechselt, solange sich die Aufmerksamkeit nicht auf etwas Bestimmtes richten kann. Die Entscheidung, wann ein Schnitt kommen muss, obliegt dabei oft dem gleichen Rhythmusgefühl, das einem Komponisten sagt, wann ein Musikwechsel oder ein neuer Impuls etc. notwendig ist. Die Filmmusik muss man dabei allerdings ausklammern, da sie für Bilder komponiert ist und sich somit von Haus aus an einem Schnittrhythmus zumindest orientieren muss. Darum findet man gerade hier unglaublich viele Übereinstimmungen zwischen Musik- und Bildschnitt-Rhythmus.

Bildausschnitt planen können – prima. Wenn nicht: Denken Sie beim Drehen daran, was Sie für den Schnitt brauchen:
- Totale
- Halbtotale
- Halbnahe
- Amerikaner
- Nahe bzw. Close
- Groß
- Detail bzw. Superclose

Totale
Die Totale informiert distanziert über die Situation und den örtlichen Zusammenhang des Geschehens. Das ist praktisch, weil der Zuschauer mit einem Blick versteht, wo die Szene spielt und was so ungefähr darin vorkommt. Eine Totale zeigt also neben den Protagonisten auch noch das Haus und den Baum daneben. Naturgemäß fehlt es der Totale zwar an Details, aber zum Glück gibt es ja noch andere Einstellungen.

Abbildung 2.2 ▶
Die Totale

Halbtotale
Um das Objekt des Interesses etwas differenzierter und genauer beobachten zu können, gibt es die Halbtotale. Hier wird z. B. das Haus weggelassen und der Baum angeschnitten. Die Menschen sind noch von Kopf bis Fuß vollständig abgebildet. Man kann schon Lippenbewegungen erkennen und einer Unterhaltung eher folgen, da man sieht, wer gerade spricht (siehe Abbildung 2.3).

2.3 Der Bildausschnitt – die Qual der Wahl

◄ Abbildung 2.3
Die Halbtotale

Halbnahe
Die Halbnahe intensiviert deutlich die Bedeutung der Unterhaltung, da jetzt auch keine Bäume links und rechts von der Personengruppe zu sehen sind. Die Beine können hier im Schienbein- oder Kniebereich abgeschnitten sein, die Lippen bewegen sich erkennbar synchron zum Gespräch, und erste Reaktionen sind auf den Gesichtern abzulesen.

Trotzdem erzeugt eine Halbnahe noch einen Bezug zwischen Hauptobjekt und Umgebung, da durch die Entfernung auch der Hintergrund noch gut zu erkennen ist.

◄ Abbildung 2.4
Die Halbnahe

35

Amerikaner

Der Name der Einstellung »Amerikaner« liegt wohl in der Notwendigkeit des Western-Genres begründet, sowohl das Gesicht als auch die Hand auf dem Revolvergriff zu zeigen. Es handelt sich also um eine Einstellung, bei der ungefähr die Hälfte der Körpergröße zu sehen ist. In den Western wird dabei gern auch von unten gedreht, das macht den Schauspieler größer und viiiiel furchterregender.

Abbildung 2.5 ▶
Die Amerikanische

Nahe bzw. Close

Auf das Zentrum des Interesses konzentriert sich die Nahe oder Close. Durch die Wahl dieses Bildausschnittes ist bei Menschen nur noch etwa das obere Drittel des Körpers zu sehen (wenn man nicht gerade die Schuhe filmt).

Die Nahe löst das Objekt fast völlig aus seiner Umwelt heraus, es wird wichtig, und im Falle von Lebewesen kann sich der Zuschauer viel eher damit identifizieren. Mit einer Nahen kann oft auch viel mehr Spannung erzeugt werden als mit einer Totale.

Großaufnahme

Heftig wird es bei der Großaufnahme. Dieser Bildausschnitt entspricht unserer Sehgewohnheit bei einem persönlichen Gespräch, ist aber eigentlich noch etwas näher dran, zeigt also beispielsweise den Kopf bis zum Hals. Sie ist sehr beliebt, um die Mimik von Protagonisten oder spannende Bilder von unbelebten Objekten zu zeigen. Ich möchte behaupten, dass die Mehrheit der von den Profis als »schöne Bilder« bezeichneten Aufnahmen Großaufnahmen sind.

Makro- und mikroskopische Aufnahmen

Es gibt auch noch Makro- und mikroskopische Aufnahmen, die allerdings nur einem recht kleinen Personenkreis zur Verfügung stehen. Sie bilden zusammen mit astronomischen Fotos eine eigene Klasse von Bildern, die Unsichtbares sichtbar machen und so ein eigenes Thema für einen Film darstellen können oder für Erläuterungen in wissenschaftlichen Dokumentationen gebraucht werden.

2.3 Der Bildausschnitt – die Qual der Wahl

◄ **Abbildung 2.6**
Die Nahe

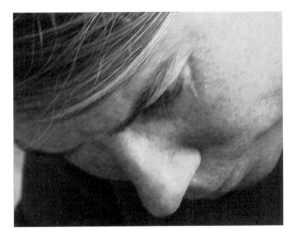

◄ **Abbildung 2.7**
Die Großaufnahme

Detailaufnahme bzw. Superclose

Das Ende der Fahnenstange mit einer normalen Optik heißt Detailaufnahme (Superclose): Augen, Hände, Einzelheiten. Ohne irgendeinen Bezug zum Hintergrund zeigen Details oft spannungsreiche und überraschende Aspekte eines Objekts. Hier kommt es wirklich auf Feinheiten an – Struktur, Licht und Bildausschnitt müssen sitzen, sonst kann eine Superclose unverständlich werden. Details sind eher unbewegt, da sich selbst langsame Bewegungen des gefilmten Objekts schnell in der Bewegungsunschärfe verlieren. Schwenken Sie einmal mit einer Tele-Einstellung und einmal mit einer Weitwinkeleinstellung im gleichen Tempo und im gleichen Abstand zum Beispiel ein Auto ab, dann wissen Sie, was ich meine.

Alles, was darüber hinaus noch näher an das Objekt herangeht, ist mit einem normalen Objektiv nicht zu machen. Die Optik nennt man dann Makro-Objektiv, und die damit gewonnenen Bilder sind die berühmten Makro-Aufnahmen.

Abbildung 2.8 ▶
Die Detailaufnahme

Einstellungen verbinden

Zur großen Freude aller Regisseure kann man diese fröhliche Vielfalt verschiedener Einstellungen nicht nur durch den Schnitt, sondern auch mit der Kamera verbinden. Dabei helfen Schwenks genauso wie Zoom und Kamerafahrt. Da bleiben fast keine Wünsche mehr offen – wer mehr möchte, sollte vielleicht besser in die 3D-Abteilung wechseln. Zum leichteren Verständnis hier einige Definitionen: Ein **Schwenk** bezeichnet eine Drehbewegung um die senkrechte bzw. waagerechte Achse. **Zoom** bedeutet die Veränderung des Bildausschnittes durch Änderung der Brennweite und somit des Vergrößerungsgrades, und bei einer **Kamerafahrt** fährt oder trägt man die Kamera zu einem näheren oder weiter entfernten Standpunkt.

2.4 Bilder komponieren

Mindestens genauso wichtig wie die Auswahl der Bildgröße ist aber auch die Anordnung des Objekts im Bild. Falls Sie die Anordnung planen können, ist an dieser Stelle der Filmvorbereitung wirklich an alles zu denken. Sie können Ihren Gesprächspartner von oben, von unten, von links und von rechts, mittig, asymmetrisch, gerade und schräg darstellen und treffen mit jeder Bildanordnung eine andere Aussage über ihn!

Wenn Sie also die Zeit haben, machen Sie sich **vor** dem Dreh Gedanken über die **Kameraposition** und den Bildausschnitt, nicht nachher! Wenn Sie Ihre Kinder filmen, beugen Sie sich zu ihnen herunter, und schauen Sie von oben in den Kamerasucher oder auf das Display. So bewegt sich die Kamera auf einer Ebene mit den Kids und zeigt die Welt aus deren Sicht – zum Teil eine sehr lehrreiche und überraschende **Perspektive**. Natürlich ist es anstrengend, eine halbe Stunde in gebeugter Haltung einem wieselflinken Vierjährigen über das Oktoberfest zu folgen und dabei ihn und die Welt aus seiner Sicht zu drehen. Aber die Bilder, die Sie dabei erhalten, sind einfach nicht mit denen aus Ihrer Schulterhöhe vergleichbar! Und das mit den Rückenschmerzen gibt sich bis zum nächsten Oktoberfest auch …

Dynamische und statische Bildkomposition
Grundsätzlich unterscheidet man dynamische und statische Bildkompositionen.

Eine zentrierte Aufnahme ist meist statisch. Wenn Sie Ihren Interviewpartner sitzend in einer Halbnahen zeigen, am besten noch in der Bildmitte, strahlt er sofort Ruhe und Gelassenheit aus, was man durch eine entsprechende Körperhaltung noch verstärken kann. Unfreiwillig komisch wirkt es jedoch, wenn die Einstellung nicht zum Thema passt. Ein Protagonist, der voller Leidenschaft und Freude über sein Thema referiert, sollte nicht unbedingt zwangsentspannt dargestellt werden.

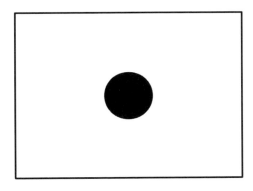

◀ **Abbildung 2.9**
Zentriert, symmetrisch, statisch, langweilig, monoton

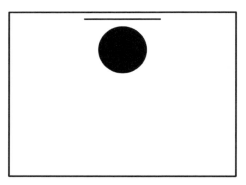

▲ Abbildung 2.10
Zentriert, dynamisch, größer

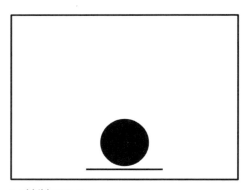

▲ Abbildung 2.11
Zentriert, statisch, kleiner

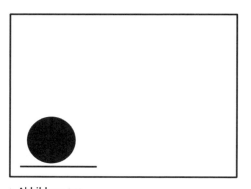

▲ Abbildung 2.12
Dynamisch, schwer, unausgeglichen

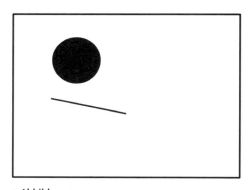

▲ Abbildung 2.13
Dynamischer, spannender, leicht

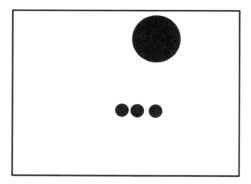

▲ Abbildung 2.14
Dynamisch, leicht

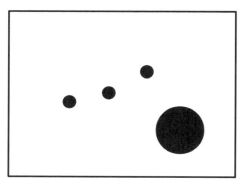

▲ Abbildung 2.15
Dynamisch, schwer

In den Abbildungen 2.9 bis 2.15 sieht man grafisch einfach dargestellt, wie unterschiedlich einfache Bildschwerpunkte wirken, wenn sie verschiedene Positionen innerhalb des Bildrahmens erhalten.

Einfach oder komplex
Planen Sie Ihre Bilder auch unter dem Gesichtspunkt der Orientierung und Erkennbarkeit. Ein kompliziertes Bild mit vielen wichtigen Details ist sehr schwer zu erfassen. Bemühen Sie sich hier eher um Statik, damit Sie den Zuschauer nicht überfordern.

Ein einfaches Bild hingegen, etwa unser sitzender Interviewpartner oder ein einzelner Gegenstand, wirkt spannender, wenn man das Bild dynamisch anschneidet. Beobachten Sie dabei auch die beiden letzten Grafiken: Obwohl in Abbildung 2.14 auch auf der unteren Bildhälfte Dinge zu sehen sind, wirkt das Bild leichter als Abbildung 2.15.

Das Auge orientiert sich immer am Bildschwerpunkt. Wenn dieser weiter oben liegt, wirkt das Bild leichter, wenn er unten liegt, eher schwer. Je mehr die größte Masse im Bild sich auf die Mitte des Bildes zu bewegt, umso mehr Dynamik geht verloren.

Eine Platzierung wie in Abbildung 2.11 wirkt also schnell langweilig. Ich würde sie nur einsetzen, wenn es sich nicht vermeiden lässt oder es einen wirklich guten Grund gibt: die beabsichtigte Lähmung des Zuschauers. Selbst in einem Lehrfilm über asiatische Entspannungsübungen, wo es sehr viel auf die innere Ruhe ankommt, sollte man auf eine gewisse Dynamik der Bilder nicht verzichten, sonst entspannt Ihre Zielgruppe alles – einschließlich der Augenlider.

2.5 Perspektive: Wo steht ein Kameramann?

Logisch, hinter der Kamera. Immer. Na ja, meistens. Zumindest aber die Hälfte der Drehzeit. Und sonst?

Haben Sie schon mal Fotografen bei einem Politikerbesuch beobachtet, wie sie ihre Kameras schräg über die Köpfe der Kollegen halten? Haben Sie sich auch gefragt, wie die das eigentlich machen? Wenn man genauer hinschaut, haben die meisten Kameraeinstellungen etwas gemeinsam: ein Weitwinkelobjektiv. Mit einer kurzen Brennweite ist die Chance, auch »blind« das Zentrum des Interesses auf Film oder Chip zu bannen, sehr hoch.

Jetzt haben Videofilmer seltener eine Meute von Konkurrenten vor sich, und trotzdem können sie von den Profis aus dem Printbereich lernen. Sie sind nämlich genauso in der Lage, durch einfaches Hochhalten der Kamera oder durch eine Position in Bodennähe **ungewöhnliche** Bilder zu drehen. Und dafür sind Sie eher unter oder über der Kamera ... Mit einem schwenkbaren Monitor an Ihrer Kamera sind Sie den Fotografen sogar deutlich überlegen, weil die Kameraführung dadurch kein Blindflug wird.

Abbildung 2.16 ▶
Schuss von oben sorgt für Übersicht, macht klein.

Vogelperspektive

Jede Perspektive kommt beim Zuschauer anders an. Soll das gefilmte Subjekt kleiner und unbedeutend erscheinen – schießen Sie von oben.

Abbildung 2.17 ▶
Schuss aus Augenhöhe

Augenhöhe

Gleichberechtigung? Dann sollte die Kamera auf Augenhöhe sein. Die Kamera in Augenhöhe stellt den Bildinhalt (egal ob Mensch oder Ding) in die Position eines gleichberechtigten Erwachsenen. Das ist nicht immer spannend, wird aber meistens verwendet.

Subjektive

Unter einer Subjektiven versteht man eine Kameraeinstellung in Augenhöhe, welche die Sichtweise des Darstellers verdeutlichen soll. Das muss nicht unbedingt ein Mensch, sondern kann auch ein Tier oder eine Maschine sein.

▲ **Abbildung 2.18**
Situation und Subjektive

Froschperspektive

Möchten Sie seine Größe hervorheben – runter mit der Kamera und Froschperspektive eingenommen. Denken Sie an die Western! Diese **Untersichtige** sieht man zum Beispiel recht häufig bei Gängen, das heißt bei Einstellungen, die den Protagonisten frontal (von unten) während einer Bewegung zeigen. Das hat manchmal den Vorteil, im Hintergrund der Hauptperson eher eine schöne Deckengestaltung als einen in Ehren ergrauten Fußboden zeigen zu können. Außerdem lässt diese Einstellung den Protagonisten größer wirken, was auch nicht unbedingt schlimm ist. Generell ist ein Gang sehr hübsch, da man von ihm sehr schön in die Subjektive schneiden kann. Die Subjektive zeigt dann, was der Protagonist gerade sieht. ∎

Kopfkino

Jemand geht auf eine Hausecke zu, Schnitt, die Kamera geht um die Hausecke rum. Zack, sind Sie drin. Sie sind derjenige, der um die Hausecke biegt. Sie sehen, was er sieht. Schneller und effizienter können Sie keine Identifikation erreichen. Und last but not least ist eine Subjektive oft auch eine sehr reizvolle Einstellung – siehe Kapitel 2.8, »Kamerafahrt«.

Abbildung 2.19 ►
Untersichtig werden Menschen größer.

Kameraposition wechseln
Über die Positionierung der Kamera im Raum könnte man wohl mehrere Lehrbücher füllen. Und jedes wäre anders: »Geh immer nah ran«, »Halte bloß Distanz«, »Geh mit«, »Schwenken ja, mitlaufen nie!« und so weiter.

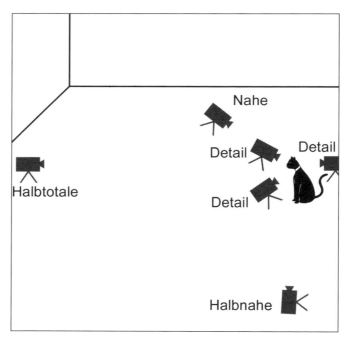

Abbildung 2.20 ►
Die »Bienchenstrategie« liefert mehr Bilder.

Meiner Erfahrung nach ist eigentlich beim Dreh alles erlaubt, was man nachher gut schneiden kann. Das heißt: Wechseln Sie die Position, sooft Sie nur können. Ändern Sie auch die Brennweite zwischen den Positionswechseln.

Aber **zoomen** Sie nur dann während des Drehens, wenn Sie wirklich viel Zeit haben oder wenn Sie müssen. Zum Beispiel rein, um den Fokus des Betrachters auf ein **Detail** zu lenken, oder raus, um dem Betrachter zusätzliche Informationen im Zusammenhang mit dem gerade gefilmten Subjekt zu vermitteln. Gerade ein Raus-Zoom ist eine originelle Methode, um den Zuschauer von einer Geschichte abzulenken.

Kopfkino: Formel-1-Service-Box. Close auf den Rennwagen, der gerade betankt wird. Und dann ein Zoom in die Totale, bis dass der Wagen nur noch zwei Zentimeter groß ist. Was ist interessant an den Mitarbeitern, die hinter dem Rennwagen rumwuseln, während sich eben jener in der Totale verliert? Wenn:

- der Aufzieher ein Bild erzeugt, dass grafisch von hohem Reiz ist.
- Sie sehen, dass in vielen anderen Boxen auch die Reifen gewechselt werden.
- nur in der Totale erkennbar, ist, dass über den Boxen eine schwarze Regenwolke droht.
- der Zuschauer bisher nicht wissen kann, wo die Service-Box steht, es also vorher noch keine Totale gegeben hat.

Sonst nicht. In allen anderen Fällen wird ein Zuschauer verwirrt, weil es keinen Grund für einen Zoom in die Totale gibt. Falls Sie eine Orientierungshilfe für zwischendurch geben wollen, lösen Sie die Totale lieber in mehrere Halbnahe auf, die sind spannender und sehen oft auch besser aus.

Wenn Ihr Kind im Sandkasten spielt, ist das ein schönes Bild. Nicht so schön ist vielleicht die Totale, die auch noch die Hauptverkehrsstraße zeigt. Da bewegt man sich dann etwas um den Sandkasten rum und dreht weg von der Straße, und zwar maximal Halbtotalen, sonst ist die Straße trotzdem wieder im Bild. Dass man die Autos dann immer noch vorbeirauschen hört, ist zwar bitter für Ihr Kind, aber im Video zu ändern.

Haben Sie also bitte keine Hemmungen, auch in Anwesenheit von Kollegen oder Familienmitgliedern mit der Kamera in der Hand die Bienchennummer zu geben, also von einer Zimmerecke in die andere zu schweben und alles zu drehen, was Ihnen wichtig erscheint. Nehmen Sie die Kamera ruhig auch dann mal hoch, wenn Ihr Subjekt eh schon klein ist. Klettern Sie – bitte ohne Schuhe – auf Tische, Stühle oder Fensterbretter, um eine gute Totale von einem kleinen Raum zu bekommen. Oder klettern Sie draußen auf einen Baum.

Kopfkino: Sie möchten eine Menschengruppe filmen, die in absehbarer Zeit aus einem einsehbaren Raum im ersten Stock durch die ebenfalls einsehbare Haustür das Haus verlassen wird. Wenn Sie einen Verbindungsschuss zwischen Innenaufnahmen und Außenaufnahmen herstellen wollen, dann ist ein Blick von außen durch das Fenster dafür natürlich hervorragend geeignet.

Besonders dann, wenn Sie wissen, dass Sie keine vernünftigen Anschlussschnitte im Haus werden drehen können. Suchen Sie sich einen Platz, von dem aus Sie durch das betreffende Fenster sehen können. Ziehen Sie aus einer Tele-Einstellung, die noch Einzelheiten im Raum zeigt, auf, und zeigen Sie das Haus teilweise oder ganz. Dann sind die Raumeinzelheiten nicht mehr gut zu erkennen, was insofern praktisch ist, als dass Sie von diesem Bild problemlos auf das kommende schneiden können. Stellen Sie sich dazu als Nächstes mit der Kamera vor die Haustür. Wenn die Leute jetzt rauskommen, haben Sie mit zwei Einstellungen (nämlich der durch das Fenster und der vor der Tür) einen perfekten bildlichen Übergang geschaffen.

2.6 Kameraschwenk

Eine recht extreme Schnitt- und Kameraphilosophie besagt: »Schneide so, wie man schaut«. Eigentlich ist das ein recht zuschauerfreundlicher Ansatz, aber er lässt viele schöne Darstellungsmittel nicht zu. Denn damit wäre jeder Schwenk verboten.

Das Problem
Versuchen Sie mal, nur mit den Augen einen gleichmäßigen 270-Grad-Schwenk herzustellen. Klappt nicht. Ihre Augen machen harte Schnitte auf so genannten Stopppunkten. Einzige Hilfe ist ein vorbei geführter Fokuspunkt wie z. B. ein Finger. Wenn Sie den hochhalten, können Ihre Augen einen schönen 270-Grad-Schwenk – oder auch einen 720er mit anschließendem leichten Schwindelgefühl – ziehen.

Aber: Der Punkt der eingestellten Schärfe war der Finger, nicht das Sie umgebende Panorama ■.

Die Lösung
Also ist ein Kameraschwenk nicht natürlich, also darf man ihn nicht machen? Quatsch. Angenommen, Sie fahren Ski und stehen oben am Lift. Was sich Ihren Augen darbietet, ist eine wunderschöne Bergwelt. Um diese Schönheit mit der Kamera einzufangen, müssen Sie schwenken! Langsam, aber Sie müssen. Jeder Schnitt würde springen, jede Blende schmieren.

Wenn Sie ein mordsmäßiges Teleobjektiv an die Kamera schrauben, könnten Sie Halbtotalen drehen und die mit einer Totale verblenden. Oder Eiszapfen am Hüttendach zwischen zwei Totalen schneiden – wunderschön! Aber wenn Sie das Panorama zeigen wollen, ist der Schwenk das richtige Mittel dazu. Er muss nur erträglich durchgeführt werden. Noch mal zum Mitschreiben: Liefern Sie sich selbst eine möglichst große Anzahl von Schnittbildern, damit Sie während des Videoschnitts auf jeden Fall die Bilder aneinander schneiden können ■.

Unser Freund, der Horizontalschwenk, wird offensichtlich von jedem Videofilmer perfekt beherrscht, sonst würden ihn nicht so viele so oft machen. Bei der Vorführung dann wird die Irritation der Zuschauer über unentschlossene Kameraführung, verwackelte und aus dem Fokus (sprich der Schärfe der Abbildung) gerissene Bilder nur noch von der Enttäuschung des Kameramannes übertroffen.

Sogar Spitzen-Kameraleute aus Hollywood verwenden in manchen Situationen einen Schwenker. Das sind Kameraleute, die seit Jahren kaum etwas anderes machen als Kameras in horizontaler, vertikaler oder sogar in beiden Richtungen hin und her zu bewegen. Da wir aber nicht in Hollywood sind, müssen wir selber schwenken. Doch allein die Existenz des Berufs »Schwenker« sollte Ihnen zu denken geben. Denn schwenken ist nicht leicht. Erst recht dann nicht, wenn man es nicht ordentlich übt! Dazu empfehle ich Ihnen dringend die Fingerübungen am Ende dieses Kapitels.

Kriterien für einen guten Schwenk
Grundsätzlich gibt es folgende Kriterien, nach denen man die Güte eines Schwenks beurteilt:
- Linearität
- Geschwindigkeit und Länge

Vielfalt ist wichtig

Wenn Sie ein Panorama abgeschwenkt haben, drehen Sie zusätzliche Details. Das ergibt mehr Freiheit bei der Auswahl der Bilder und macht den Schnitt einfacher.

Schwenken statt schwanken

Langsame horizontale Schwenks werden ruhiger, wenn Sie sich breitbeinig hinstellen, weil Sie dann fester stehen.

- Bildausschitt am Anfang
- Bildausschnitt am Ende

Abbildung 2.21
Zeitlicher Verlauf eines Schwenks

Ein schöner Schwenk sollte aus einer relativ linearen Bewegung bestehen. Diejenigen Schwenks, die ermüdend langsam beginnen, sich dann aber fröhlich steigern, um dann entweder abrupt zu enden oder unentschlossen noch ein wenig weiter zu machen, sollten Sie aus Ihrem Film heraushalten (Ausnahme: wenn sie als Stilmittel eingesetzt werden, dabei viel Glück!).

Bei der Geschwindigkeit eines Schwenks sollte man sich im Klaren sein, ob jedes einzelne Frame nachher für den Zuschauer nachvollziehbar sein soll, der Schwenk eher eine Geschwindigkeit – gleich ob langsam oder schnell – vermitteln soll oder ob er einen Effekt darstellt. Je schneller Sie schwenken, umso undeutlicher wird der Schwenk.

Schwenk und Bildausschnitt

Wenn Sie ein Objekt oder eine Person mit Ihrem Schwenk verfolgen, ist eigentlich alles klar – der Schwenk sollte möglichst identisch mit der Bewegung des Objektes übereinstimmen, wobei der Bildausschnitt sinnvollerweise so zu wählen ist, dass der **Interessenmittelpunkt nicht gleich dem Bildmittelpunkt** entspricht.

Besser ist es, z. B. bei einer Person, die sich in der Halbtotale von links nach rechts bewegt, so zu schwenken, dass sie sich im linken Drittel, aber nicht am linken Rand des Bildes befindet. Das hat für den Zuschauer den Vorteil, dass er ungefähr weiß, was auf die Person zukommt. Sehr viel schwieriger ist es, eine sich bewegende Person so im Schwenk zu verfolgen, dass sie ständig droht, aus dem Bild zu gehen. Sicher erzeugt ein derartiger Schwenk eine höhere bildliche Spannung, weil man einerseits nicht weiß, wo die Person hingeht, und zum anderen der Raum in deren Rücken (Was wird denn da von hinten kommen?) wichtiger wird.

Schwenkende
Das Ende des Schwenks ist grundsätzlich davon abhängig, wie Sie weiter schneiden wollen. Sollten Sie keine Möglichkeit für einen Anschlussschnitt haben, dann lassen Sie die Person aus dem Bild gehen, falls nach deren Abgang noch ein interessantes Bild sichtbar ist.

Wenn Sie einen Anschlussschnitt planen, schwenken Sie ruhig mit, bis die Person Ihnen den Rücken zuwendet, und lassen Sie die Kamera dann so lange wie möglich laufen, damit der Anschluss auch auf jeden Fall klappt. Denkbare Anschlüsse sind dabei der Gang um die Ecke, Schuhe close oder das erreichte Ziel ■.

Wenn ein Schwenk im Nirwana endet, können Sie ihn vergessen. Wenn ein Schwenk mit einem uninteressanten Bild anfängt, dann aber immer spannender wird, ist das prima.

Dieser Schwenk stellt eine Steigerung z. B. der Informationsdichte oder der Spannung dar, und wenn es einem gefällt, kann man ja erst später in den Schwenk reingehen, also den Anfang des Schwenks herausschneiden.

Dabei war es lange beliebte Fernsehpraxis, zum Beispiel von einem Protagonisten ins informative Nichts zu schwenken, um von diesem »neutralen« Schwenkende in den O-Ton schneiden zu können, ohne dass das Bild springt.

Mittlerweile sind die Methoden besser geworden, zum Beispiel: Protagonist sitzt am Schreibtisch halbtotal, Schuss über die Schulter auf blätternde Hand halbnah, Sprung auf Dokument als Nahe oder Großaufnahme, dann O-Ton. So eine Dreh- und Bildfolge ist heute absoluter Standard und sehr schnell herzustellen.

Bei **vertikalen Schwenks** hingegen darf man auch gerne mal in den blauen Himmel schwenken, wenn man unbedingt ein neutrales Schwenkende benötigt.

Aber wie auch immer Ihr Schwenk endet: Lassen Sie ihn ausklingen! Nehmen Sie sich mindestens vier Sekunden Zeit, den Schwenk mit einer ruhigen, festen Einstellung abzuschließen, auch wenn Sie sie nachher im Schnitt nicht unbedingt brauchen. Falls der Schwenk nicht einigermaßen zur Ruhe kommt, wird es für den Zuschauer merklich schwerer, den Schwenk zu verarbeiten, und also für Sie, ihn reinzuschneiden. Bleiben Sie auf jeden Fall auf Ihrer Einstellung. Wenn Sie merken, dass Ihr Schwenkende nicht ganz optimal oder

> **Schwenkanfang und -ende**
> Sie können viel eher den Anfang eines Schwenks wegschneiden als sein Ende. Vor dem Bewegungsende zu schneiden funktioniert nur dann schön, wenn das nächste Bild die nicht beendete Schwenkbewegung fortsetzt.

für Sie einfach nicht gut aussieht, wiederholen Sie den ganzen Schwenk. Das ist gut für Ihre Figur und gut für Ihren Film.

Bitte vermeiden Sie zu lange Schwenks!
Bei Panoramaschwenks neigt man angesichts der Unglaublichkeit der Aussicht oft zur pathetischen Schneckengeschwindigkeit. Da wird dann schon mal voller Inbrunst eine Reihe von 40 bis 120 Sekunden langer Schwenks produziert, die aus Erfahrung jeden Zuschauer lähmen, wenn er nicht mit einem herzhaften Gähnen seine Sauerstoffzufuhr erhöht. Hier wird der Kameramann gerne zum Lyriker. Das kann tatsächlich passen, wenn das Thema des Films es hergibt. Aber bitte nur dann! Und bitte, bitte nur einmal pro Film ∎.

> **Größen besser verdeutlichen**
>
> Wenn Sie sehr große Objekte abschwenken, sorgen Sie wenn möglich für einen Größenvergleich. Das erleichtert dem Zuschauer die Einschätzung der Szene.

Natürlich möchte man angesichts der mallorquinischen Steilküste das ganze Panorama erfassen, um damit den Zuschauer zu beeindrucken. Klappt aber so gut wie gar nicht. Vielleicht wenn Sie im Kinoformat 16:9 drehen und die Bilder nachher auf eine vier Meter breite Leinwand projizieren, aber auch dann nur vielleicht.

Es gibt leider gleich zwei Probleme, die einem Erfolgsschwenk entgegenstehen:
▸ die schwer darzustellende Größe der Objektes und
▸ die Gleichmäßigkeit der Schwenkgeschwindigkeit.

Sie müssen nämlich recht lange auch recht langsam schwenken, damit das Auge dem Schwenk folgen kann. Das erreichen Sie leichter, indem Sie ein Stativ verwenden, aber leicht ist es auch dann nicht.

Außerdem kann das Gehirn des Zuschauers ein Panorama viel leichter verarbeiten, wenn Sie ihm eine oder noch besser mehrere **Bezugsgrößen** anbieten. Jeder Mensch hat bis auf wenige Zentimeter genau ein Gefühl dafür, wie groß ein Erwachsener ist. Oder ein Segelboot. Eine Pflanze ist da schon eher schwierig und oft nicht geeignet, genauso wenig wie markante Steine. Eine ganze Truppe Menschen oder Autos hingegen sind ein klarer Bezug für den Zuschauer: »So groß sind die jetzt, und wenn ich jetzt von dort wegschwenke, muss der Rest soooo groß sein.«

Es ist also viel charmanter, ein Panorama recht wenig zu schwenken, sondern eher von Bezugsgrößen Aufzieher und Zufahrten zu machen. Von mir aus – und wenn Sie die Technik beherrschen – auch mit einem Schwenk, damit die Menschengruppe nur noch als kleiner Punkt am Bildrand zu sehen ist. Das kommt natürlich auch auf die Position der Menschen in Bezug auf den Hintergrund an.

2.6 Kameraschwenk

▲ **Abbildung 2.22**
Sequenz eines Schwenks nach links – die Dimensionen werden durch das Kind im Vordergrund vergleichbar.

Vertikal schwenken

Vertikalschwenks sieht man nicht so oft. Beliebt bei hohen Gebäuden und Pflanzen sollen diese auch als »Tilts« (im Gegensatz zu den horizontalen »Pans«) bezeichneten Kamerabewegungen nicht in die Trivialität absacken. Wenn Sie zum Beispiel eine Palme von oben nach unten abschwenken möchten, dann soll der Zuschauer auch den speziellen Grund dafür erfahren, da er meistens schon mal eine Palme gesehen hat. Was ist also besonders an der Palme? Die Kokosnüsse vielleicht. Oder die außergewöhnliche Form. Oder das Sonnenlicht, das zwischen den Wedeln herausblitzt. Wunderschön! Aber einfach eine Palme von der Wurzel bis unter das Dach zu schwenken, um im unterbelichteten Nichts bzw. – und eigentlich

51

noch schlimmer – mit hinterherhinkender automatischer Blende und dem zugeschalteten Restlichtverstärker im grobkörnigen Rauschen zu enden, geht nicht.

Abbildung 2.23 ▲
Vertikalschwenk auf einen Leuchtturm

Wenn Sie die Zeit dazu haben, können Sie das besser: Die Blende wird auf manuell geschaltet und in der Einstellung fixiert, in der das wichtige Objekt des Schwenks korrekt beleuchtet ist. Am besten sogar die Schärfe von Hand gezogen und dann langsam von unten nach oben geschwenkt, bis sich die Sonnenstrahlen in Ihrer Linse fangen. Wenn Sie nicht die Zeit für mehrere Versuche haben, drehen Sie eine Totale der Palme und dann einen »Sprung« in Form des Palmwedel-Sonnen-Motivs. Keine Sonne da? Und es handelt sich um Ihre persönliche Lieblingspalme, der Sie jeden Abend bei Sonnenuntergang zugeprostet haben? Dann positionieren Sie Ihre Begleitung unter die Palme, und schwenken Sie von oben nach unten. Jeder wird glauben, es sei wegen der Begleitung, was dann mindestens zwei Leute freut.

Kombiniert schwenken
Die logische Kombination von Horizontal- und Vertikalschwenk ist schräg. Dies ist bei einer Objektverfolgung nicht schwer, aber so lässig aus der Schulter sollte man genau wissen, wo man anfängt, was der Schwenk zeigen und wo er aufhören soll. Sonst fällt er eher unter die Rubrik »gerührt und rausgeschnitten«.

Ganz originell sind **Schwenks mit gleichzeitigem Zoom**. Diese können gefährlich sein, weil sie den Zuschauer schnell verwirren. Solche Schwenks sollte man nur mit bestimmten Auflagen herstellen oder wenn sie unbedingt notwendig sind, d. h., wenn es am Anfang und am Ende des Schwenks wichtige Objekte mit stark unterschiedlicher Größe gibt, die Sie aber mit dem Schwenk trotzdem in eine Verbindung bringen möchten.

Sehr sinnvoll ist die Zoom-Schwenk-Kombination, wenn das Hauptaugenmerk auf dem Zoom liegt.

Bei einem **Aufzieher** ist ja nicht gesagt, dass der Interessenmittelpunkt der Nahen oder Halbnahen im Bildmittelpunkt positioniert ist. Angenommen, Sie wollen von Ihren Protagonisten nach links schwenken und dabei aufziehen, dann sollten Anfang und Ende dieser Kombination so aussehen wie in Abbildung 2.24.

▲ **Abbildung 2.24**
Aufzug mit leichtem Schwenk nach links

Bei diesem Bild zeigt sich aber eine böse Falle, ist es Ihnen aufgefallen? Der gut aussehende junge Mann am rechten Bildrand schaut nach rechts, warum in aller Welt ziehe ich dann nach links auf? Das ist gelinde gesagt schlecht. Also mache ich den gleichen Aufzieher mit Schwenk nochmals, aber dieses Mal zum richtigen Zeitpunkt (siehe Abbildung 2.25).

Abbildung 2.25 ▲
Aufzug und Schwenk nach links, deutlich besser.

Dabei achte ich tunlichst darauf, die kleine Menschengruppe am rechten Rand stehen und keinesfalls aus dem Bild laufen zu lassen. Letzteres sieht schlichtweg nicht aus, da die Menschen zu Beginn des Aufzugs mir so wichtig sind, dass ich sie reinschneide, warum soll ich dann auf einmal aufziehen und gleichzeitig wegschwenken? Ein Aufzug stellt doch eine Verbindung zwischen einem Interessenschwerpunkt (hier der kleinen Menschengruppe) und seiner Umgebung dar. Warum soll ich jetzt dann diesen Schwerpunkt rausschwenken? So etwas macht schlichtweg keinen Sinn. Das ist etwas anderes, wenn ich von einem Interessensfokus zum anderen schwenke, und damit aufgrund unterschiedlicher Größen der Objekte aufziehen muss. Aber wirklich nur dann ■.

Schöner schwenken

Ein Aufzieher wirkt harmonisch, wenn der Interessenschwerpunkt während des gesamten Zooms seine Position im Bild beibehalten kann.

Aufzug und Schwenk sind im oberen Beispiel so kombiniert, dass der Junge rechts im Bild auch am rechten Bildrand der Totale bleibt. Das macht Sinn, denn mit einem solchen Zoom-Schwenk drehen Sie eher das nach, was wir im Allgemeinen als »Bewusstwerdung« bezeichnen. Nachdem ein Betrachter den Interessenschwerpunkt erfasst hat, nimmt er auch den Rest der Umgebung oder Situation wahr, sie rückt also zusätzlich in das Bewusstsein.

Diese Kombination von Zoom und Schwenk glückt oft nicht auf Anhieb. Drehen Sie eine solche Einstellung also ruhig drei- oder viermal. Dann glauben die Leute drum herum auch, dass Sie sich heute ganz besonders viel Mühe geben.

Normalerweise orientiere ich mich mit dem Sucher am Rand des Bildes. Ich beobachte den Abstand zwischen Protagonisten und Bildrand, ziehe dann langsam auf und sorge mit einer Horizontalbewegung dafür, dass der Protagonist seinen Abstand zum Rand nicht maßgeblich verändert. Dann schau ich zwischendurch noch mal, ob der Rest des Bildes so passt, und wenn ja, dann höre ich auf zu zoomen und zu schwenken ■.

2.7 Zoom

Auch Zooms werden immer wieder gern, aber grundlos genommen. Heia, das hat doch was! Da kann man die fantastischen Möglichkeiten des Objektivs und der elektronischen Pixelvervielfachung in Echtzeit so richtig ausnutzen! Die Folge sind Bilder, auf die sich niemand konzentrieren kann und will.

Gründe für oder gegen ein Zoom
Einen Zoom setzt man aus den folgenden Gründen ein:
- Er **folgt einem Objekt**, wenn die Kamera das nicht kann. Wenn Ihnen jemand entgegenkommt und hinter Ihnen eine Mauer ist, müssen Sie aufziehen. Wenn ein wichtiges Auto um die nächste Ecke biegt, zoomen Sie getrost hinterher.
- In einem O-Ton wird Bezug genommen auf die **Umgebung des O-Ton-Gebers**. Dann ist es logisch, dass man aus einer Nahen aufzieht und die Umgebung zeigt.
- Für den Protagonisten existiert eine **Bedrohung**. Dann dient ein Zoom auf das Gesicht als Hinweis, dass dieser Person gleich etwas ganz schreckliches passiert.
- Der O-Ton-Geber zeigt **Betroffenheit**. Dann ist ein langsamer Zoom von der Halbnahen auf die Nahe oder Großaufnahme schön, damit das Mimikspiel noch deutlicher wird.
- Es soll ein **Zusammenhang** zwischen der in einer Nahen oder Halbnahen und der Totale geschaffen werden. Meist wird hierbei auch noch geschwenkt, damit der Bildausschnitt von dem Brennpunkt des Interesses und seiner Umgebung dynamisch bleibt.

> **Fingerübung**
>
> Bitte verstehen Sie mich nicht falsch: Schwenks sind toll, lockern die Erzählweise auf, verbinden verschiedene Elemente und können schöne Effekte oder eine gute Übersicht schaffen. Machen Sie es sich besonders am Anfang leichter, indem Sie dabei ein Stativ verwenden.
>
> Probieren Sie es mit der folgenden Fingerübung: Schwenken Sie fünf- bis zehnmal das Objekt ab, und schauen Sie sich die Ergebnisse in Ruhe an. Zunächst sehen alle gleich aus. Aber dann werden Sie erkennen: Version 1 ist zu zaghaft, Version 2 hat geruckelt, Version 4 endet schlecht, Versionen 3 und 5 sind in Ordnung. So haben Sie zwei gute Schwenks hergestellt, zwischen denen Sie sich entscheiden können.

2 Mit der Kamera in der Hand

> **Elektronischer Zoom**
>
> Und wenn ich noch einen Vorschlag machen darf: Schalten Sie den elektronischen Zoom ab. Er ist in den meisten Fällen kein wirklicher Gewinn, weil er nur die Bildpunkte und nicht das Originalbild vergrößert. Die so entstandenen Bilder werden meist unscharf und grob pixelig.

- Es soll ein **Perspektivenwechsel** stattfinden. Solche Zooms bitte nur machen, wenn es auch wirklich geht, d. h., Sie sich sicher sind, dass Sie den Zoom auch wieder rausschneiden können.
- Leider auch: weil sich sonst nichts bewegt.

Hingegen sind keine wirklichen Gründe für einen Zoom:
- dass man sie machen kann
- es wurde mir langweilig hinter der Kamera
- Zoomen macht einfach Spaß!

Abbildung 2.26 ▶
Zoom von der Großaufnahme zur Halbnahen

2.8 Kamerafahrt

Eine enorm interessante Kamerabewegung ist die Fahrt. Bilder aus dem Auto, vom Motorrad, vom Gabelstapler herunter oder aus der Froschperspektive mit Skiern gedreht sind eigentlich immer erst mal spannend für den Zuschauer.

Fahrten funktionieren auch als Subjektive und unterstützen so die **Identifizierung** des Zuschauenden mit dem gezeigten Bild. Erlaubt ist grundsätzlich alles, was rollt, rutscht und nicht ins Kamerabild ragt.

Aber unterschätzen Sie Ihre Geschwindigkeit nicht. Eine schöne Fahrt ist ziemlich langsam, weil man ja auch Einzelheiten des »Abgefahrenen« erkennen soll. Bitte achten Sie also beim nächsten Frühstücksbüfett der Superlative auf die unwiderlegbare Tatsache, dass der Kaviar viel besser aussieht, wenn man ihn als solchen erkennen kann. Um den Zuschauer nicht zu langweilen, fahren Sie lieber etwas kürzer, oder überlegen Sie sich einen passenden Zwischenschnitt, mit dem Sie die Fahrt unterbrechen können.

Wer im Gehen eine Fahrt dreht, sollte sich sehr um wackelfreie Bilder bemühen. Wer rückwärts gehen muss, sollte einen Helfer haben, der ihn an der Gürtelschlaufe festhält und zieht, am Ende des Ganges abbremst und zwischendurch vor so merkwürdigen Hindernissen wie Treppen, Pfeiler oder Passanten rettet. Das sehen wir in der Abbildung 2.27.

◄ **Abbildung 2.27**
Polonaise rückwärts: Der Kameramann wird gezogen.

Eine andere Art der Fahrt verwendet einen **Kran**. Das ist dann zwar eher die Profi-Abteilung, liefert aber sensationelle Ergebnisse. Wenn Ihnen wie den meisten kein Kran zur Verfügung steht, behelfen Sie sich mit Tricks: Gläserne Aufzüge, Rolltreppen oder die Hebebühne von der Baustelle nebenan bieten hervorragenden Ersatz. Wenn Sie es sich zutrauen, mieten Sie einen Kran, und drehen Sie die Bilder Ihres Lebens.

Wenn Sie die Zeit und den Platz haben, verwenden Sie aber auf jeden Fall ein **Stativ**. Das macht das filmische Resultat für den Betrachter weniger anstrengend. Wackelbilder sind zwar bei Reportagen erlaubt, manchmal sogar erwünscht, aber sonst meist nicht sehr beliebt, da das Gehirn des Zuschauers unverwackelte Bilder gewohnt ist und sich beim Versuch, diese zu beruhigen, mächtig aufregt. Aber auch bei der Verwendung eines Stativs ist es wichtig, immer wieder die Position zu ändern und sich auch mal vom Stativ zu lösen, damit Sie nachher abwechslungsreicher schneiden können.

2.9 Fingerübung

Hier eine kleine Aufgabe mit der Kamera: Filmen Sie einen Teil Ihres Weges zur Arbeit.

Wenn Sie zum Beispiel mit der Bahn fahren, lassen Sie sich von einem Helfer filmen, wie Sie zur Bahn gehen. Zeigen Sie die Rücklichter der Bahn oder des Busses, der Sie jeden Tag mitnimmt. Drehen Sie Subjektiven, also Schüsse aus der Hand und in Augenhöhe.

Drehen Sie aus der Bahn, auch wenn einige Passanten seltsam schauen. Die Gaffer haben Sie schnell vergessen, aber die Bilder sind im Kasten. Erinnern Sie sich an die Forderung nach Einzigartigkeit? Mit solchem Material können Sie diese darstellen. Trauen Sie sich, die Kamera über die Köpfe der Leute zu heben und über die Köpfe zu filmen.

Beobachten Sie mit der Kamera, wie die Bilder durch die Fahrt verwischen. Nehmen Sie Spiegelbilder in den Fensterscheiben, hochgehaltene Zeitungen, nervöses Fingertrommeln und basskontrolliertes Fußwippen auf. Sie werden im Schnitt feststellen, dass Sie aus diesem Material eine unterhaltsame Geschichte machen können. Und sollten Sie gefragt werden, warum Sie im Bus filmen, empfehlen Sie bitte dieses Buch ...

Wenn Sie mit dem Auto fahren, lassen Sie sich filmen, wie Sie in das Auto einsteigen. Das kann man in verschiedene Einstellungen auflösen. Wichtig ist z. B. auch der Zündschlüssel im Schloss. Wenn Sie es hinbekommen, drehen Sie das Gaspedal. Lassen Sie sich beim Wegfahren von einem Helfer mit der Kamera verfolgen – ganz chic wäre natürlich eine Verfolgerkamera aus einem zweiten Fahrzeug.

Lassen Sie an wichtigen Kreuzungen den Kameramann aussteigen, und fahren Sie um diese Kreuzung noch einmal herum. Wenn Sie selbst drehen möchten, darf der Fahrer nicht erkennbar sein. Verwenden Sie bei solchen Einstellungen z. B. eine Perspektive, bei der die reflektierende Windschutzscheibe einen Blick ins Fahrzeug unmöglich macht. So erzeugen Sie neutrale Bilder, die Sie prima schneiden können.

Und am Ende gehen Sie nach Hause und schneiden das Material so zusammen, wie Sie Ihren Arbeitsweg empfinden: als Routine, als Weg in die Zukunft, als lästig, als interessant.

Suchen Sie sich eine zu den Bildern und zu Ihrer gewünschten Aussage passende Musik, und schneiden Sie einen 2-Minüter daraus. Vielleicht auch 2 Minuten 30, dann muss aber gut sein!

2.10 Den Anschlussschnitt mit der Kamera vorbereiten

Ein Anschluss ist eine Fortführung des vorher gezeigten Bildes aus einer anderen Perspektive.

Dabei sollten sich die Bildausschnitte und wenn irgend möglich auch die Kamera-Ausrichtungen meistens deutlich voneinander unterscheiden, sonst »springt« das Bild. Der Schnitt sähe aus wie ein Schnittfehler, und das wollen wir ja nun auch nicht. Hilfreich ist auch hier die Bienchenstrategie – von einer Einstellung zur nächsten.

Diese Art der Schnittgestaltung ist die unsichtbarste von allen. Kein Schnitt ist unauffälliger und natürlicher. Unser Gehirn produziert mit Hilfe unserer Augen den ganzen Tag nichts anderes als Anschlussschnitte. Sie werden ihn immer wieder brauchen, und Sie werden ihn so manches Mal verfluchen, weil das Kameramaterial ihn nicht hergeben will.

> **Anschlüsse drehen**
>
> Wenn Sie »nur« über **eine** Kamera verfügen, können Sie trotzdem sehr einfach Anschlüsse drehen, wenn Sie die Szene noch einmal aus einer anderen Perspektive wiederholen lassen.

Abbildung 2.28 ▲
Anschluss durch Bienchenstrategie

Perfekter Anschluss

Einen perfekten Anschluss hat man eigentlich immer dann, wenn mit zwei Kameras gedreht wurde, die genau das Gleiche nur aus unterschiedlichen Richtungen mit unterschiedlichen Brennweiten und/oder Abständen gefilmt haben. Dann kann man wunderschöne Anschlüsse schneiden. Der Nachteil der zweiten Kamera ist ihre pure Existenz: Wer mit zwei Kameras dreht und diese nicht unbedingt zeigen möchte, muss seine Bilder noch mehr planen als mit einer Kamera. Der Aufwand lohnt sich aber allemal!

Manche Ereignisse sind nicht wiederholbar, da machen dann so viele Kameras wie möglich Sinn – zum Beispiel beim Sport. Nicht jedem stehen jedoch mehrere Kameras zur Verfügung – die meisten von uns freuen sich ja schon über die eine! Also hilft in vielen Fällen nur die Bienchenstrategie: fleißig von einer Einstellung zur nächsten eilen und dort brummend verweilen.

Dabei stößt man schnell an eine Grenze: die Geschichte selbst. Wenn eine Einstellung nicht wiederholbar ist, Sie keine zweite Kamera haben und trotzdem einen Anschluss drehen möchten, müssen Sie immer wieder während der Aktion Ihre Position ändern.

Aber was ist mit dem Ereignis selbst? Das läuft ja weiter, von Ihnen während des Positionswechsels undokumentiert! Die Lösung dieses Dilemmas ist ein Kompromiss. Grundsätzlich geht das Bild vor. Wenn Sie mit Ihrer Kamera nicht weg können, bleiben Sie, und halten Sie drauf. Besser ein Bild als kein Bild. Sie können ja auch vor oder nach der Hauptaktion noch Zwischenschnitte drehen.

Beispiel für einen Anschlussschnitt mit nur einer Kamera

Wenn Ihr Kind seinen ersten Theaterauftritt hat, verfolgen Sie die Hauptaktion auf der Bühne, oder gehen Sie in die Totale. Die klassischen **Zwischenschnitte** (aufmerksames Publikum, nickende Köpfe etc.) drehen Sie vor der Aufführung, wenn alle auf den Auftritt warten!

Achten Sie ein wenig auf das Licht. Wenn es eindeutig zu hell ist, bitten Sie die Organisatoren, es ordentlich zu dimmen. Falls Ihnen jemand in die Kamera schaut, ist das in diesem Fall nicht so schlimm – bloß winken Sie bitte nicht mit der Kamera in der Hand zurück.

Nach dem Stück stehen Sie sofort auf – mit einer auf ein Stativ gepflanzten Kamera sollten Sie eh am Rand sitzen, während die Kamera am Rand des Raumes über die Köpfe filmt –, und drehen Sie den Applaus, wie er kommt: Totale, Halbnahe, Nahe, Ortswechsel und dann das Gleiche noch mal.

Wenn Sie es sich zutrauen, gehen Sie mit der Kamera an den Stuhlreihen vorbei. So erzeugen Sie schöne Abschlussbilder, auch wenn Sie den einen oder anderen Zeitgenossen irritieren ■. Dann natürlich die Bühne mit den sich bedankenden Künstlern nicht vergessen. Aber halten Sie nicht die vier Minuten fest, die das gesamte Ensemble braucht, um auf die Bühne zu kommen. Die Zeit ist wichtiger für die Publikumsschüsse. Erst wenn fast alle oben sind, schwenken Sie wieder auf die Bühne. Wenn der Platz es zulässt, gehen Sie vor die erste Stuhlreihe, und feiern Sie die Kinder **von unten** ab.

> **Drehpause nutzen**
>
> Wechseln Sie Ihre Position nur in solchen Momenten, wo gerade so wenig passiert, dass Sie die »Drehpause« verantworten können. Das liefert naturgemäß nicht immer politisch korrekte Anschlussschnitte, aber trotzdem Anschlussschnitte
>
> Warum diese Schnitte nicht immer politisch korrekt sind, erfahren Sie in Kapitel 3.1 unter dem Thema Schnitt und Wahrheit.

2.11 Geplante Kameraeffekte

Meistens sind Effekte durch geschickte Kameraführung einfach herzustellen und können trotzdem den Zuschauer beeindrucken.
- Wenn Sie Dynamik in Ihre Bilder bringen möchten, **reißen** Sie.
- Falls Sie die Intelligenz Ihrer Zuschauer ansprechen möchten, erzeugen Sie eine so genannte **Transition**.
- Wenn Ihnen die Zeit bei einem Standbild nicht schnell genug vergeht, basteln Sie einen **Stopp-Trick**.

> **Video-Hinweis**
>
> Beispiele für die Kameraeffekte Jump Cut, Riss und Stopp-Trick finden Sie auf der Buch-DVD in der Datei effekte.avi.

All diese Effekte können Ihnen helfen, Ihren Film unterhaltsamer oder optisch interessanter zu machen. Den Zuschauer soll es in die Lage versetzen, die gewollte Stimmung besser aufzunehmen (Riss), Informationen schneller zu bekommen (Stopp-Trick) oder problemlos von einer Szene in die nächste zu kommen (Transition und Riss).

Riss

Der einfachste Effekt ist eindeutig der Riss. Schauen Sie sich das Beispiel Riss auf der Buch-DVD an. Es gibt grundsätzlich drei Möglichkeiten:

1. Die Kamera wird am Ende der Szene A gerissen, und Szene B beginnt mit einem Riss in die gleiche Richtung, der auf der Szene endet. Dazwischen kann eine Blende kommen, muss aber nicht unbedingt sein. In der Datei effekte.avi finden Sie ein Beispiel für solch einen Riss.

▲ **Abbildung 2.29**
Riss am Ende von A-Roll, dann harter Schnitt auf Riss von B-Roll …

▲ **Abbildung 2.30**
... und Ende von B-Roll im Stand

Den Schnitt zwischen den beiden Rissen sieht wohl kaum einer – das Gehirn ist ja die ganze Zeit damit beschäftigt, diesen Riss zu beruhigen!

Der eher knusprige Teil dieses Effekts besteht in der Aufgabe, die Kamera nach dem Riss in einer ruhigen Position zu halten, ohne mit dem Rühren zu beginnen. Das ist auf dem Stativ kein Problem, aber wenn Sie aus der Hand reißen, machen Sie sich schon mal auf ein paar Versuche gefasst.

2. Sie blenden von Bild A in einen extra gedrehten Riss und blenden von dort in das Bild B.

▲ **Abbildung 2.31**
Riss einblenden. Hier wurde eine Luma-Blende verwendet.

Diese Art des Übergangs können Sie auch dann verwenden, wenn Sie keinen Riss geplant haben. Das kann trotzdem sehr geschmeidig aussehen.

3. Sie reißen nach Szene A und schneiden B hart dran oder umgekehrt. Das ist dann auch hart. Aber je nach Einsatz kommt das genau richtig.

Abbildung 2.32 ▲
Riss und Still hart aneinander geschnitten

Auf jeden Fall vermitteln Sie Ihrem Zuschauer mit einem Riss-Effekt durch die schnelle Bewegung eine große Bilddynamik. Sie machen ihn auch auf die Produktion des Films aufmerksam, da es sich um ein künstlich erzeugtes Bild handelt, das in der Natur unserer Sehgewohnheiten nicht vorkommt. Aber an der richtigen Stelle vermittelt es genau das richtige Gefühl von Geschwindigkeit, Party, Schrecken oder Freude.

Riss-Trick

Eigentümlicherweise möchte die Kamerahand nach einem Riss nach links immer noch ein wenig nach rechts zurück. Ich hab mir das abgewöhnt, indem ich nicht gleich stehen bleibe, sondern immer noch ein wenig nach links nachschwenke, aber vermutlich muss hier jeder seine eigene Methode entwickeln.

Transition

Feiner und schwieriger ist die Transition. Eine Transition ist eine meistens überraschende Kombination zweier Bilder, die zwar eigentlich nichts miteinander zu tun haben, aber über eine Ähnlichkeit oder Gemeinsamkeit verfügen, mit Hilfe der man die Bilder verbinden kann.

Hier werden kleine graue Zellen gefragt: Was haben Szene A und Szene B gemeinsam, welche Farbe kommt am Ende von A und zu Beginn von B vor? Gehen Sie davon aus, dass eine gelungene Transition fast immer konstruiert ist.

Kopfkino 1: Ein Kind spielt im Sand. Nahe über Schulter: Kind sitzt, füllt ein Förmchen mit Sand und klopft das Ganze noch mal ordentlich fest. Halbnahe frontal: Kind stürzt das Förmchen und zieht es hoch – Zoom auf den fertigen Sandkuchen bis hin zur Großaufnahme. Harter Schnitt oder besser: Blende auf eine Close mit anschließendem Aufzug von einer Geburtstagstorte. Transition vom Strand zum Hotel mit einem Schnitt geglückt, Cutter zufrieden, Zuschauer angenehm überrascht.

Kopfkino 2: Sie schwenken ein Fahrrad mit, das an Ihnen vorbeifährt. Die Kamera beendet den Schwenk auf einer Hausmauer, Fahrrad fährt weiter und raus. Während das Fahrrad noch rausfährt, zoomen Sie auf die Hausmauer, bis sie zumindest bildfüllend ist. Blende auf ein T-Shirt gleicher Farbe mit anschließendem Aufzug auf den Fahrradfahrer, der jetzt im Restaurant sitzt und zu Abend isst. Cutter freut sich, und Zuschauer grinst.

Solche möglichen Kombinationen kann man durch Zufall sehen und können auch zufällig passieren, sind aber eher selten. Transitionen können Sie auch als roten Faden verwenden, sie können aber schnell ermüdend, langweilig oder schlichtweg konstruiert wirken, also bitte eher vorsichtig einsetzen.

Eine gute Transition sollten Sie genau planen, damit sie auch funktioniert. Aber wenn sie funktioniert, sind Sie der König. Oder die Königin. Versprochen.

Stopp-Trick
Viel einfacher zu konstruieren ist dagegen der Stopp-Trick. Er setzt etwas Disziplin und einen festen Kamerastand voraus. Er kann auf zwei Arten hergestellt werden:
▶ additiv
▶ subtraktiv

Wenn Sie **additiv** arbeiten, fügen Sie einem Raum etwas hinzu, z. B. einem Flur ein paar Menschen. D. h., Sie müssen zuerst den leeren Flur drehen (zehn Sekunden reichen aus), und dann lassen Sie die Leute an der Kamera vorbeigehen. Wenn jemand an die Kamera stößt, muss er das sofort sagen, weil Sie dann alles noch mal machen müssen. Oder füllen Sie nach und nach ein leeres Regal mit Gläsern.

Ein guter Stopp-Trick funktioniert nur dann, wenn die Szenen A und B (und C und ...) einen wirklich hundertprozentig identischen Hintergrund haben. Dann können Sie die Szenen verblenden (oder

> **Video-Hinweis**
> Ab TC 00:27:15 sehen Sie in der Datei effekte.avi zwei Beispiele für Stopp-Tricks.

hintereinander schneiden), ohne dass der Hintergrund während der Blende schmiert oder durch den harten Schnitt springt.

▲ **Abbildung 2.33**
Additiver Stopp-Trick

Wenn Sie jedoch z. B. einen Picknick-Korb füllen wollen (oder, wie in unserer Abbildung, ein Regal), empfehle ich die **subtraktive** Methode: Füllen Sie zuerst den Korb, drehen Sie ihn die zehn Sekunden, wie er voll dort steht, und nehmen Sie dann Teil für Teil wieder raus.

Achten Sie dabei darauf, dass die Zutaten, die unten liegen, nicht verschoben werden. Dieser Job erinnert ein wenig an Mikado, und spätestens an dieser Stelle wissen Sie endlich, wofür das harte Training damals gut war. Wenn Sie die Szene dann rückwärts aneinander schneiden, wird sich der Korb schnell füllen, ohne dass Sie die Wartezeiten oder Wege zum Kühlschrank zeigen müssen.

Die subtraktive Methode hat den Vorteil, dass sich alle Dinge im Korb noch verschieben können, solange er nicht voll ist. Wenn Sie noch die Äpfel auf die Flaschen legen, können diese sich also noch eine andere Position suchen, in der sie auch dann stabil liegen bleiben, wenn Sie die Äpfel wieder wegnehmen.

▲ **Abbildung 2.34**
Subtraktiver Stopp-Trick

> **Auto-Kamerafunktionen ausschalten**
>
> Bitte schalten Sie bei der Erzeugung eines Stopp-Tricks die automatische Blende und den Autofokus aus, und achten Sie darauf, dass Sie keine Schatten auf die Szene werfen, sonst sieht der Stopp-Trick so aus wie in meinem Beispiel effekte.avi. Wenn Sie da besonders auf die grünen Gläser rechts unten achten, wissen Sie, was ich meine.
>
> Natürlich kann man auch solche Fehler ausgleichen, doch dazu mehr in Abschnitt 5.4.

Wenn Sie die Einzelbilder des Tricks verblenden, erzeugen Sie einen eher »geisterhaften« Effekt, was je nach Thema besser passen kann, aber nicht ganz so humorig aussieht wie ein hart geschnittener Stopp-Trick ■.

2.12 O-Ton und Interviews aufnehmen

Der vor laufender Kamera gesprochene Text ist eigentlich in fast jedem herkömmlichen längeren Film unersetzlich. Originaltöne – kurz »O-Töne« – liefern bei Berichten und Dokumentationen nicht nur Informationen, sondern für den Editor auch strukturelle Eckpfeiler für die gesamte Geschichte.

Also halten Sie bitte ruhig drauf, wenn Ihnen jemand etwas vor laufender Kamera erzählen möchte. Der schwierigere Teil der O-Töne entsteht dabei in Interviews, da Sie sich dafür vorbereitet haben sollten. Sonst fallen Ihnen womöglich genau dann keine »gescheiten« Fragen ein.

O-Töne

Sobald Ihnen jemand etwas vor der Kamera erklärt, dann stellen Sie sich so dumm wie möglich. Konzentrieren Sie sich auf das Gesagte, und haken Sie überall dort nach, wo der Interviewte Wissen voraussetzt. So entstehen schöne Erklärungen.

> **Die Interview-Technik**
>
> Lassen Sie sich Originaltöne als ganze Sätze geben. Wenn Ihr Interviewpartner interessante Stellen als Nebensätze ausspricht, halten Sie das Interview an und bitten Ihr Gegenüber, den letzten Satz noch einmal als ganzen Satz zu wiederholen. Dann müssen Sie nicht die Interviewfrage reinschneiden.

Bei **Kindern** können Sie die Interview-Situation meist vergessen, da Kinder in so einer frontalen Begegnung mit Ihnen und der Kamera aus verständlichen Gründen schnell blockieren. Drehen Sie solche O-Töne lieber in den Situationen, die den Kindern vertraut sind, z. B. beim Spiel oder beim Sport. Sie werden nicht nur bessere Aussagen, sondern vor allem völlig entspannte O-Töne bekommen ■.

Kopfkino: Ihr Kind bekommt ein neues Fahrrad. Aufzieher vom Fahrrad, Kind setzt sich drauf. Schuss über die Schulter, Kind tritt an. Halbtotale: Kind fährt weg, Kamera schwenkt mit, bis es kaum noch zu sehen ist. O-Ton beginnt im Off (der O-Ton ist entstanden, als Sie die letzten Meter der Rückkehr Ihres Kindes gedreht haben). Zoom steht auf Weitwinkel. Ihr Kind antwortet auf die Frage, warum das neue Fahrrad viel besser fährt und warum es ihm so gefällt. In dieser Situation kann das Kind meistens nicht verkrampfen, weil es ja mit etwas anderem beschäftigt ist.

Interview mit und ohne Interviewer

Als Kameramann haben Sie es deutlich leichter, wenn Sie einen Interviewer mitnehmen. Ihre Kinder würden Sie wahrscheinlich als kauzig einstufen, wenn Sie Ihren Partner oder Ihre Partnerin bitten, das Kind zu fragen, wie der erste Schultag war. Aber sonst hat die Interviewsituation bei guter Vorbereitung auch ihre Vorteile:

- Sie können die Position des O-Ton-Gebers und die Inhalte der O-Töne planen und steuern ■.
- Sie haben die Zeit, den Gesprächspartner in den richtigen Bildausschnitt zu setzen, so dass z. B. die Blickrichtung stimmt.

Wenn der Gesprächspartner nicht auch gleichzeitig der Moderator des Filmes ist, sollte er möglichst **nicht** in die Kamera schauen. Teilen Sie dies dem Interviewten vor dem Interview ausdrücklich mit!
Im Fernsehen wird ein Blick in die Kamera grundsätzlich herausgeschnitten, also vermeiden Sie bitte diese oft eher unsicher wirkende Geste des Protagonisten, wo es nur geht.
Beim Filmen von Menschen brauchen Sie öfter »bitte nicht in die Kamera schauen« und »bitte erklären Sie dem Zuschauer ...« als alles andere. Der Trick mit der Zuschauerfloskel ist besonders dann angesagt, wenn Ihr Interviewpartner etwas wiederholen soll. Dann verwendet Ihr Gegenüber gerne Satzteile die nach »ich habe Ihnen ja gerade schon erklärt« oder »wie ich schon sagte« klingen. Wollen Sie nicht, will Ihr Zuschauer auch nicht – er kann ja nichts dafür, dass Sie sich mit Ihrem Gesprächspartner schon unterhalten haben. Mit dem Zuschauerspruch erinnern Sie den Interviewten daran, dass ja noch die Kamera da ist und durch die Kamera eigentlich Menschen zuschauen, die das Gespräch vorher nicht mitbekommen haben. Ein Nebensatz, und alles ist gut. Wenn alles so einfach wäre ... ■

> **O-Töne aus ganzen Sätzen**
>
> Achten Sie darauf, dass Ihre O-Ton-Geber Sätze und Antworten so formulieren, dass sie auch geschnitten einen Sinn ergeben.

> **Sie sind selbst der Interviewer?**
>
> Sollten Sie keinen Interviewer haben, stellen Sie die Kamera auf ein Stativ und sich einen Meter daneben. Reden Sie zwanglos mit den Leuten. Die erzeugten Bilder und Töne werden nach etwas Übung in Anmutung und Gestaltung dem Vergleich mit professionellen Vorlagen standhalten.

◄ **Abbildung 2.35**
Platzierung von Kamera und Protagonistin beim Interview ...

Abbildung 2.36 ▶
... und der erzeugte Bildausschnitt

Gesprächspausen einlegen
Eine gute Strategie, um gute O-Töne zu bekommen, sind lange Gesprächspausen. Schauen Sie ihm in die Augen, und sagen Sie nichts. Viele Leute glauben dann, dass sie noch etwas sagen müssen, und bringen sehr gute Sätze heraus.

Video-Hinweis
Beispiele für Antexter und Zwischenschnitte finden Sie auf der Buch-DVD immer wieder in der Datei Gecko Glas.avi.

Tipps für gute Interviews

Gehen Sie bei einem Interview davon aus, dass Sie nur einen kleinen Teil der O-Töne wirklich gebrauchen können. Daher lassen Sie die Leute reden. Absolute »No-Nos« sind aufmunternde Kommentare während des Interviews: »hmm«, »ja«, »aha« – offen gestanden eine Spezialität von mir. Das stört den Ton ungemein und kann den einzig wichtigen O-Ton Ihres Interviewpartners zerstören. Nicken ist erlaubt, Reden nur in den Sprechpausen Ihres Interviewpartners ■.

Wenn Sie mit einem Interviewer drehen, wechseln Sie – soweit räumlich möglich – während der Fragen des Interviewers, und bitte nur dann, die **Perspektive**. Zoomen Sie näher heran, ziehen Sie etwas weiter auf, stellen Sie die Kamera innerhalb eines 90-Grad-Winkels anders auf. Bei emotionalen Reaktionen oder besonders wichtigen Sätzen des Interviewten können Sie die Eindringlichkeit des Gesagten durch eine langsame Zufahrt enorm erhöhen.

Sehr nützlich sind **Zwischenschnitte**, die einem wirklich das Leben leichter machen können. Der Klassiker sind hier Close der Hände und der Augen. Solche Aufnahmen werden im Allgemeinen nach dem Interview gedreht, weil dann der Gesprächspartner etwas entspannter ist und der Kameramann die räumlichen Gegebenheiten besser kennt.

Auch die so genannten **Antexter**, also Bilder des Interviewpartners, die neutral beginnen oder neutral enden (Letztere sind deutlich wichtiger), werden nach dem Interview gedreht. Dann wissen Sie schon, was gesagt wurde, und können leichter das besprochene Thema im Bild festhalten.

Sicherlich ist es aber schöner, wenn Sie **zu den O-Tönen passende Bilder drehen**, die den Inhalt der O-Töne wiedergeben. Denn nur selten haben Sie so professionelle O-Ton-Geber, dass Sie die O-Töne nicht schneiden müssen. Häufig ist es eher so, dass man jede Menge Versprecher, Sprachhülsen, grammatikalische oder logische Fehler rausschneiden muss.

Wenn Ihnen Ihr Kameramaterial an einer solchen Schnittstelle einen Perspektivenwechsel anbietet, wunderbar. In all den anderen Fällen, bei denen der Interviewte vor einem Tonschnitt in ähnlicher Position zu sehen ist wie nach dem Schnitt, sollten Sie diesen optisch mit einem Zwischenschnitt kaschieren können. Filmen Sie Zuschauer, die den Interviewten beobachten. Drehen Sie im Zweifelsfalle Details nach, wenn Sie einen guten O-Ton darüber bekommen haben. Auch sehr lange O-Töne über ca. 25 Sek. Länge können Sie mit solchen Insert-Bildern wunderschön optisch verkürzen und für den Zuschauer interessanter machen.

Situative O-Töne

O-Töne werden weniger als Geschichtsbremse empfunden, wenn sie situativ sind. D.h., wenn Ihr Kind Ihnen etwas erklären will, soll es dies möglichst in der zu beschreibenden Situation machen. Oder wenn der Glasbläser seine Arbeit beschreibt, lassen Sie ihn erst kurz vorher sein Arbeitsgerät absetzen und hoch schauen. Das vermittelt dem Zuseher das Gefühl, selbst dabei zu sein (siehe Abbildung 2.37).

Nicht immer sind O-Töne situativ zu drehen. Das Interview mit Ihrem Maurer sollten Sie nicht unbedingt genau dann drehen, wenn der neue Beton angeliefert oder die Terrasse gerüttelt wird. Man setzt ihn dann an eine eher ruhige Seite der Baustelle und lässt ihn dort erzählen, was bisher passiert ist.

Wählen Sie dabei – genau wie bei allen anderen statischen O-Tönen – einen möglichst schönen **Hintergrund**, auch wenn dieser wegen der Tiefenschärfe verschwimmt.

Und lassen Sie ihn bitte schräg von links nach rechts oder von rechts nach links schauen. Die **Natürlichkeit** eines Interviews hängt nicht nur von Ihrem Interviewpartner, sondern auch vom Bildausschnitt ab. Achten Sie einmal auf entsprechende Situationen im Fernsehen: Es gibt nur ganz bestimmte Leute, die wirklich frontal und zentriert in die Kamera schauen, und die haben das vorher heimlich geübt.

Abbildung 2.37 ►
Situatives Interview

Auch ein schönes **Vordergrundobjekt** hilft, die an sich langweilige O-Ton-Situation aufzulockern. Aber übertreiben Sie es hier nicht. Es lauern drei Gefahren in Vordergrundobjekten:

- Man kann sich recht schnell »verspielen«. Sie glauben gar nicht, wie lustig immer wechselnde Vordergrundobjekte wirken, die der Protagonist vor gleich bleibendem Hintergrund abgibt. Höchstens als wirklich lustiges Stilmittel einsetzen, dann aber bitte gezielt, d. h., jedes Vordergrundobjekt muss seinen **Grund** oder einen Bezug zum Thema haben. Sonst lassen Sie es lieber weg.
- Sie können gekünstelt wirken. Wenn Sie eine Schreibtisch-Situation haben, sollte im Vordergrund etwas stehen, was sich genau der O-Ton-Geber auf den Schreibtisch stellen könnte, wenn er es nicht schon hat.
- Sie können langweilig werden. Also bitte nur dezente Objekte auswählen, an denen nicht gerade die Inventarnummer aus Ihrem Vordergrundobjekte-Archiv oder noch das Preisschild klebt.

Probieren Sie ruhig jeden einzelnen Aspekt der Kameraführung aus. Wenn Sie glauben, Schwenks, Zoom, Kombinationen davon und entsprechende Bildausschnitte ansatzweise drehen zu können, werden Sie im Schnitt etwas sehr Erfreuliches feststellen: Sie haben viel mehr Rohmaterial, mit dem Sie einfacher, schneller und vor allem besser schneiden können.

2.12 O-Ton und Interviews aufnehmen

◄ **Abbildung 2.38**
O-Ton-Situation mit Vordergrund, Hauptperson und Hintergrund

3 Der erste Schnitt – das erste Bild

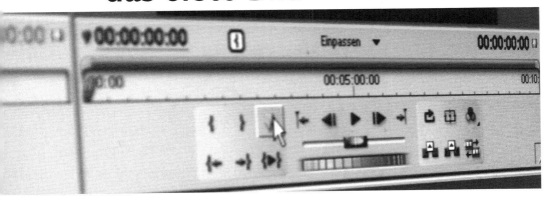

Der Anfang ist wichtig und schwer.

Sie werden lernen:
- Wie schneide ich zielgruppengerecht?
- Was muss rein, was muss raus?
- Wie finde ich ein erstes Bild?
- Wie schneide ich O-Töne?
- Welche Fehler muss man vermeiden?
- Was kennzeichnet guten und schlechten Schnitt?

Aller Anfang ist schwer – diese Weisheit gilt besonders auf für den Videoschnitt. In diesem Kapitel möchte ich Sie für das Erste Bild sensibilisieren und Ihnen zeigen, wie Sie das Projekt Videoschnitt am besten angehen. Damit Sie gute von schlechten Schnitten unterscheiden können, finden Sie den Abschnitt »Schnittfehler«, den Sie sich unbedingt ansehen sollten.

3.1 Vorüberlegungen

Das werte Publikum

Auch wenn Sie glauben, Ihr Publikum zu kennen, empfehle ich dringend sicherzustellen, dass der Film auch genau die Leute interessiert, die den Film sehen sollen – oder besser: wollen. Ein Film für Kinder muss selbst bei gleichem Inhalt anders aussehen als für Erwachsene.

Zentrales Thema spielt dabei die **Relevanz** des Films für die Zielgruppe. Ein Film für Kinder wird nicht die letzte Aktionärsvollversammlung von VW thematisieren, außer Sie drehen die Vorstandsmitglieder zum Teil auf den Kopf, lassen die O-Töne weg und synchronisieren Tierstimmen auf die Lippenbewegungen. Das würde zumindest die Kinder erheitern – bei gleichem Bildmaterial!

Wenn Sie also für eine bestimmte Zielgruppe schneiden, sollten Sie Ihr Publikum kennen und achten. Wenn Ihnen nicht ganz klar ist, was wann gefordert ist, schauen Sie sich einen entsprechenden Film an. Mangas sind völlig anders geschnitten als die Teletubbies, der hervorragende Schnitt von »Die Matrix« lässt sich wohl mit dem von »Das fünfte Element«, nicht aber mit dem von »Forrest Gump« vergleichen.

Natürlich sind das Genre und der Inhalt maßgeblich für den Schnitt, aber grundsätzlich kann man sagen, dass die Schnitte umso schneller werden, je näher das erwartete und angesprochene Publikum an die 20 bis 30 Lebensjahre zählt. Davor und danach sinkt die als angenehm empfundene **Schnittfrequenz** wieder. Dafür ist neben physiologischen Aspekten sicherlich nicht nur die gestalterische Entwicklung im Kino, sondern auch im Fernsehen verantwortlich. Kinder und Jugendliche, die eine Stunde und mehr am Tag MTV schauen, haben sich an eine ganz andere Schnittfrequenz gewöhnt, als es das Stammpublikum der öffentlich-rechtlichen Sender auch nur ertragen könnte, und ich möchte behaupten, dass es umgekehrt auch so ist.

> **Möglichkeiten**
>
> Ihnen steht eine unglaubliche Fülle von Möglichkeiten zur Verfügung. Schneiden ist ein wenig wie Klavier spielen: Ein Klavier hat zwar im Allgemeinen nur 88 Tasten, aber was Sie durch unterschiedliche Tempi, Variationen im Anschlag und natürlich durch unterschiedliche Melodien und Rhythmen alles auf diesem Instrument machen können, ist bekanntermaßen ziemlich unendlich.

Sie können also wunderbar experimentell drehen und schneiden, wenn Ihr Publikum das mitmacht. Aber erwarten Sie nicht zu viel von Jüngeren oder Älteren, beide Gruppen brauchen weniger »Schnittpower« und genießen eher ausdrucksstarke Bilder als effektreichen Schnitt.

Der Schnitt und die Wahrheit
Das Thema ist fast so alt wie die Technik der bewegten Bilder. Was darf man zeigen, was nicht? Was darf man machen, was nicht? Der Gesetzgeber zieht da ganz klare Grenzen bei den Themen Gewalt und Pornografie. Doch auch bevor Sie an diese Grenzen stoßen, gibt es ein paar Dinge, die Sie in Ihrem Film berücksichtigen sollten:
- Wo wird der Film veröffentlicht?
- Wer schaut sich den Film an?
- Wer könnte noch Zugang zu dem Film erhalten (denken Sie hier auch an unerlaubte Kopien)?
- Sind die gefilmten Personen mit der Wiedergabe des Filmes einverstanden?
- Würden Sie sich wohlfühlen, wenn Sie in diesem Film so dargestellt werden?

Die letzte Frage ist dabei für mich die Kernfrage. Man kann naturgemäß nicht alle Menschen, die man gefilmt hat, um Erlaubnis bitten. Da hätten Sie z. B. auf Ihrem Arbeitsweg-Film ein kleines Problem. Aber Sie können Menschen, die heimlich gefilmt wurden, im Schnitt zu Deppen machen, ohne dass diese das wissen. Und dann stellen Sie sich bitte die Frage des guten Geschmacks und der Fairness.

Mancher Videofilmer denkt sich jetzt, »was hat er denn, ich zeige immer nur die Wahrheit«, aber diese Leute liegen falsch. Sie können nicht die ganze Wahrheit in einem Film zeigen, da die Kamera immer nur einen zeitlich und räumlich begrenzten Ausschnitt der Realität aufzeichnen kann. Durch die Wahl des Ausschnittes entsteht bereits eine subjektive Auswahl aus allen möglichen Ausschnitten, welche die Wahrheit und die Realität bieten.

Noch schlimmer wird es, wenn Sie Ihr Kameramaterial schneiden! Dann halten Sie dem Zuschauer ja Informationen vor, die **ihm** vielleicht wichtig gewesen wären. An diesem Punkt müssen Sie eine Entscheidung treffen: Wie wichtig ist die Genauigkeit der Abbildung der Realität in diesem Fall? Wenn Sie zum Beispiel Ihr Kind beim Fußball drehen, können Sie sich einige untätige Passagen schenken. Da manche Spielerbewegungen sich ähneln, können Sie sogar Anschlüsse schneiden, die es eigentlich gar nicht gibt. Damit hat niemand wirklich ein Problem, wenn Sie nicht das ganze Spiel archivieren müssen.

Aber wenn Sie von den sieben Toren des Gegners nur eines zeigen, die beiden Tore Ihrer Mannschaft aber in voller Länge, und vielleicht noch mit Zeitlupe und der Musik von Top Gun abfeiern, dann erzählen Sie nicht nur nicht die Wahrheit, sondern verdrehen diese. Blöd ist dabei nur, wie Sie aus dieser Situation herauskommen, wenn Sie wirklich nur zwei gegnerische Tore gedreht haben. Da empfiehlt es sich, die Fernseh-Berichterstattung zu imitieren und mit Hilfe von Tafeln oder Einblendungen oder gesprochenem Text immer wieder die Spielminute und den Spielstand bekannt zu geben. Wenn der Gegner Ihrer Jugendmannschaft der 1. FC Bayern war, will niemand aus Ihrem Bekanntenkreis deren sechs Tore sehen. Und Top Gun können Sie dann auch unter die Tore der eigenen Mannschaft legen ...

Wägen Sie also beim Dreh und beim Schnitt ab, was wirklich und unbedingt zur Geschichte gehört und was man weglassen kann, ohne die Aussage zu verändern. Denn Schnitt ist die Kunst des sinnvollen und eleganten Sichttrennens. Auch wenn es zum Beispiel bei Aufnahmen der eigenen Kinder manchmal unglaublich schwer ist.

> **Die ersten Bilder finden**
>
> Wenn Sie Schwierigkeiten mit den ersten Bildern haben, folgen Sie zunächst Ihrer Intuition. Sollten Ihnen beim Digitalisieren einige Bilder besonders positiv aufgefallen sein, nehmen Sie diese. Umschneiden können Sie später immer noch.

Der Anfang ist das Schwierigste

Es klingt wie eine Binsenweisheit, und doch mache ich jeden Tag im Schnittraum genau diese Erfahrung. Wer sich mit dem Anfang keine Mühe gibt, wird zum Ende hin nicht wirklich zufriedener. Die ersten 20 bis 30 Sekunden sind wirklich die wichtigsten. Alles andere: Spannungsbogen, Relevanz, Humor, Information kommt dann fast »von selbst«, wenn der Anfang gut ist.

Zum Vergleich: Für die ersten 60 Sekunden eines Beitrages benötige ich im Extremfall bis zu vier Stunden. In den nächsten vier Stunden entstehen dann durchschnittlich noch mal sieben Minuten Programm.

Lassen Sie es also krachen – schnitt-, bild- und musiktechnisch. Suchen Sie sich einen echten **Eyecatcher**. Dynamisch geschnittene Perspektiven und Details eines Bürokomplexes können atemberaubend sein. Eine zehn Sekunden lange Totale des gleichen Komplexes ist es sicher nicht. Wenn Sie Luftaufnahmen, zum Beispiel von einem Hochhaus herunter, haben – nehmen Sie die. Denn die gleiche Gegend von unten ist nicht halb so spannend, da die Perspektive gewöhnlich ist. Sonst beginnen Sie lieber mit einem Close. Verrätseln Sie Ihren Anfang ein wenig. Wenn der Zuschauer nicht auf

Anhieb erkennt, wo er ist und was das nun soll, wird er bei schönen Bildern neugierig.

◄ **Abbildung 3.1**
Ein schönes erstes Bild

Schöne Bilder, die alles verraten, sind da nur halb so viel wert, außer wenn sie wirklich spektakulär sind.

Aber lassen Sie sich von diesen Vorgaben nicht einschüchtern. Besser, Sie haben irgendein erstes Bild, als dass Sie stundenlang nach dem ersten Bild suchen. Oft ist der Frust dann größer als die eigentliche Aufgabe. Entspannen hilft da deutlich weiter, weil Sie etwas Abstand zum Bildmaterial gewinnen.

3.2 Digitalisieren und aufnehmen

Zunächst muss der Inhalt Ihres Bandes auf die Festplatte transportiert werden. Bei den digitalen Videoformaten wird während der Aufnahme in den Computer kaum etwas geändert, daher reicht hier oft ein FireWire-Anschluss aus. Analoges Kameramaterial muss noch mit Hilfe spezieller Wandler in digitale Daten umgewandelt werden. Auf jeden Fall sollten Sie Video und Audio auf die Rechnerplatte spielen, damit Ihnen immer die sogenannte »Atmo«, der atmosphärische Ton zum Bild, zur Verfügung steht. Die Atmo kann Ihnen gerne auch mal einen Schnitt retten!

Zwei der angenehmsten Funktionen non-linearer Schnittsysteme sind die Szene-Erkennung und das so genannte »Batch-Digitalisieren« bzw. die »Batch-Aufnahme«.

Die Szene-Erkennung stellt anhand der auf einem DV-Band zusätzlich vorhandenen Zeitdaten fest, ob die Kamera zwischen zwei Frames angehalten wurde. Wenn der reale Timecode nicht kontinuierlich ist, muss es sich also um eine neue Szene handeln. Das macht vor allem den Prozess der Clip-Benennung sehr leicht, so dass man nach entsprechender Betitelung Szenen sehr schnell (weil textlich gesucht) wieder finden kann. Außerdem wird so ein langes Band sinnvoll in kleinere Clips unterteilt, was die Navigation sehr viel einfacher macht.

Wer mit dem Videoschnitt erst beginnt, auf Nummer sicher gehen möchte und über den entsprechenden Speicherplatz verfügt, sollte die Rohmaterial-Bänder komplett auf den Rechner spielen und mit der Szene-Erkennung arbeiten. So läuft man nicht Gefahr, irgendeinen guten oder hilfreichen »Bildfitzel« zu übersehen und dann nicht zur Verfügung zu haben.

Abbildung 3.2 ▶
Ein Bildfitzel. Zufällig entstanden und trotzdem sehr sehr hilfreich ...

Adobe Premiere

Wenn Sie mit Adobe Premiere arbeiten, sehen Sie im rechten Drittel des Aufnahmefensters die Schalter IN-POINT SETZEN, OUTPOINT SETZEN und CLIP AUFZEICHNEN. Bei Avid stellen Sie von DIGITALISIEREN auf LOGGEN um (das Stift-Symbol erscheint).

Wer Speicherplatz sparen will oder muss und etwas Erfahrung in der Beurteilung von Bildern und Szenen hat, verwendet die **Batch-Aufnahme**. Batch bedeutet so viel wie Stapel, in unserem Fall wird also ein Stapel von Schnittinformationen abgearbeitet.

Sie erzeugen mit diesen Funktionen Clip-Daten, aber keine Filmdateien. Und das ist auch gut so, da Sie sich voll und kontinuierlich auf das Bild und den Ton konzentrieren können, ohne für jeden Clip darauf warten zu müssen, bis dieser aufgenommen worden ist – da kommt sonst mit den Preroll-Zeiten, also den Vorlaufzeiten für die

3.2 Digitalisieren und aufnehmen

Synchronisierung zwischen Zuspieler und Software, einiges zusammen, was Ihre Konzentration stören kann.

▲ **Abbildung 3.3**
Batch-Digitalisieren mit Premiere Pro ...

▲ **Abbildung 3.4**
... und mit Avid Xpress

3.3 Die ersten Bilder

Nach dem Einspielen auf die Rechnerplatte(n) beginnt die Suche nach dem **ersten Bild**. Hier muss keine Chronologie vorhanden sein. Lieber wähle ich in den ersten Sekunden Impressionen von der Arbeit der beiden Künstlerinnen. Nach ca. 20 bis 30 Sekunden dann kann schon der Antexter für den ersten O-Ton kommen. Wichtig ist vor allem, dass das erste Bild **schön** ist. Mir gefiel das Close von der Perlenherstellung gut.

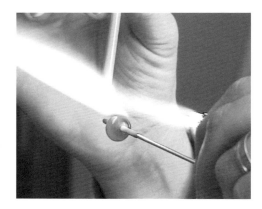

Abbildung 3.5 ►
Das erste »erste Bild«

Ob es das erste Bild bleibt, wird sich erst zeigen, wenn die ersten 20 Sekunden geschnitten sind. Hauptsache, ein erstes Bild ist da. Manchmal bringt einen dieses erste Bild auf eine Idee, die dann für die restlichen Bilder des Anfangs funktioniert, aber das muss nicht sein, wie wir später noch sehen werden ■.

Beim Thema »weg damit« ein paar Worte zur Leichtigkeit des Schnitts. Ein guter Cutter und ein guter Regisseur sind immer in der Lage, die schnitttechnischen Resultate mehrerer Stunden konzentrierter Arbeit in die Tonne zu hauen, ohne mit der Wimper zu zucken. Wenn etwas nicht funktioniert und man erkennt, dass es auch in absehbarer Zeit nicht funktionieren wird, muss man sich an dieser Stelle davon trennen. Falls es in sich aber gut war, sollte man es aufbewahren, um die Sequenz an einer anderen Stelle vielleicht noch einmal benutzen zu können. Erstellen Sie einfach eine Subsequenz von dem problematischen Teil, speichern Sie ihn als solchen ab, und dann löschen Sie bitte das störrische Ding aus Ihrer Timeline. Die gehört nämlich Ihnen und nicht irgendwelchen Sequenzen.

Unser Beispielfilm auf der Buch-DVD

Um Ihnen ein Beispiel für die Denk- und Sichtweise beim Schnitt zu vermitteln, habe ich die beiden Glaskünstlerinnen Daniela Reiher und Bettina Schneider von Gecko Glass in Fischbachau besucht. Sie haben mir freundlicherweise erlaubt, zusammen mit dem Kameramann Bernhard Lochmann ihre Arbeit zu beobachten. Teile des entstandenen Rohmaterials finden Sie auf der Buch-DVD, genauso wie die Projektdaten für Premiere Pro. So können Sie Frame für Frame nachvollziehen, wie der Film über Gecko Glass geschnitten wurde.

Erstes-Bild-Problem lösen

Und nochmals der Hinweis: Lassen Sie sich vom Erstes-Bild-Problem nicht einschüchtern. Wenn Sie nach zehn Minuten nichts Passendes gefunden haben, nehmen Sie irgendein schönes Bild als erstes. Dann überlegen Sie sich die nächsten Bilder. Manchmal ist das zweite dann besser als das erste, also weg damit.

3.3 Die ersten Bilder

Bei unserem ersten Bild (also ab TC 00:00:00 auf der Master-Sequenz) gehe ich nach dem Umgreifen (Original-TC 02:01:00) rein, damit die vorherige Bewegung zu Ende ist. Das Bild ist ruhig und close genug, damit es interessant ist.

Wie Sie an den Projektdaten erkennen können, wähle ich als zweites Bild die blaue Vase auf dem Drehteller close. Das war aber nicht mein erster Gedanke. Zu dem Close mit dem Brenner passt eigentlich eine Totale ganz gut, die zeigt, wo man ist und wer diese Perle macht. Aber damit wäre ich bereits beim Herstellungsprozess der Perle, und das möchte ich noch für kurze Zeit vermeiden. Also habe ich Clips wie Perle_3.avi vom Band B1 verworfen und mich für die blaue Vase entschieden. Da entsteht jedoch offensichtlich ein Problem:

Zweites Bild	
Band:	A3
Clip:	Blaue_Vase_drehen1

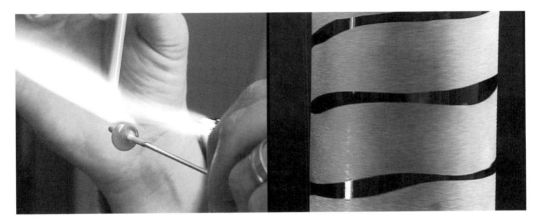

Na jaaa. Hier geht gleich mehreres schief: Zwei Close aneinander sind nicht der Superhit, und farblich passen diese Bilder auch nicht aneinander. Das können Sie im Film sehr gut beobachten. Auf der anderen Seite möchte ich jetzt nicht zu viel Zeit mit der Suche nach dem perfekten ersten Bild verschenken. Also lasse ich es erst mal so.

▲ **Abbildung 3.6**
Vergleich der ersten beiden Bilder

Video-Effekt Stopp-Trick
Die Vase im zweiten Bild wird auf einem zum Drehteller umfunktionierten Plattenspieler langsam um die eigene Achse gedreht. Da ich diese Einstellung auch von mehreren anderen Objekten habe, bietet sich der erste Videotrick an: ein Stopp-Trick. Dafür werden die folgenden Objekte benötigt:

3 Der erste Schnitt – das erste Bild

Tabelle 1 ▶
Timecodes für den Anfang

Player IN	Player OUT	Rec IN	Rec Out	Bild
A3:00:08:18		00:00:07:00	00:00:08:19	Blaue Vase
A3:01:13:08		00:00:08:19	00:00:11:01	Grüne Vase
A3:01:33:24		00:00:11:01	00:00:15:03	Grüne Vase
A3:02:02:01		00:00:15:03	00:00:17:02	Sushi-Teller

Timecodes auflisten
Wenn die Länge der Clips durch In und Out des Rekorders schon feststeht, kann man entweder den In- oder den Out-Punkt des Players weglassen.

Diese Schnitte sind alle verblendet. Hier hätten harte Schnitte nicht so schön ausgesehen. Außerdem passen an dieser Stelle Blenden besser zur Musik, zu der ich später noch kommen werde.

Bevor ich auf die Musikauswahl eingehe, möchte ich noch den Stopp-Trick erklären und die Gründe, warum ich genau diese In-Punkte im Player und Rekorder genommen habe. Achten Sie einmal bei den folgenden Bildern auf die Decke des Drehtellers:

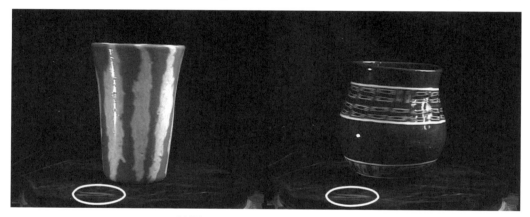

▲ **Abbildung 3.7**
Synchronisierungspunkt im Bild

Sie haben es gemerkt?
Ganz Aufmerksamen wird aufgefallen sein, dass die Länge (= Duration) des letzten Bildes deutlich kürzer ist als der vorhergehenden. Ich habe es in einem zweiten Schritt an die Musik angepasst, die genau auf dem Frame TC 00:17:02 einen Impuls (die gezupfte Basssaite der Gitarre) bekommt. Daher muss ich das letzte Bild etwas kürzer, aber nicht zu kurz reinschneiden.

Da der Samt erkennbare »Orientierungspunkte« bietet, blende ich genau dann in das nächste Bild, wenn der Drehteller mir dort die gleiche Stelle zeigt. Dabei habe ich mich an dem etwas helleren Flecken links vorne orientiert. Da der Drehteller sich immer mit der gleichen Geschwindigkeit bewegt, die Kamera auf dem Stativ steht und nur mit der Fernbedienung ein- und ausgeschaltet wird, ändert sich im Bild immer nur genau das, worauf es ankommt: das Glasobjekt. Die Bilder werden dann übereinander geblendet, und fertig ist eine Bildstrecke, die ruhig und freundlich die Schönheit und Vielfalt der Objekte darstellt.

3.4 Musik und Bild, die Erste

Nach diesem bildlichen Einstieg sollen Ihre Augen eine kleine Pause haben. Erst die richtige Musik macht aus einigen Bildern einen wirklich schönen Anfang. Je nachdem, wie gut Sie Ihr Musikarchiv kennen und wie gut es ausgestattet ist, kann sich die Suche nach dem ersten Titel gern auf eine Stunde oder mehr ausdehnen.

Auf der DVD, die diesem Buch beiliegt, finden Sie im Unterverzeichnis Filme die Datei Gecko Glass.avi. Achten Sie einmal auf den Charakter der ersten Bilder. Dazu würde ein knalliges Hard Rock- oder Techno-Musikbeat nicht passen.

Hören und sehen Sie nun in den Film über Gecko Glass rein: Sie hören eine Gitarre, begleitet von einem »Chor«. Das Stück ist ruhig, durch den Chor flächig und hat trotzdem einen prägnanten Rhythmus. Die Musik passt prima zu den Bildern und zu den Blenden. Was will man mehr?

Bei TC 00:17:02 kommt die erwähnte Basssaite hinzu, die den Impuls für den Schnitt auf die eigentliche Geschichte liefert.

Anschlussschnitte
Ab da sind eindeutig Anschlussschnitte gefragt. Nach dem Close mit dem Feuer und dem Schwenk auf das Gesicht von Frau Schneider muss nun endlich eine Erklärung kommen, wo wir überhaupt sind.

TC 00:17:02

◄ Abbildung 3.8
Schwenkanfang

GEMA
Gesellschaft für musikalische Aufführungs- und mechanische Vervielfältigungsrechte.

GEMA-freie Musik
Für dieses Buch steht mir eine große Arbeitserleichterung zur Verfügung, für die ich sehr dankbar bin: das CD-Archiv der Firma blue valley Filmmusik in Kassel. Hier kann man GEMA-freie Musik erwerben, die nach Genehmigung von blue valley eingesetzt werden darf, ohne dass man Unsummen an die GEMA abführen muss. Das ist kein Spaß: Wenn Sie außerhalb Ihres Familien- und Bekanntenkreises (z. B. auf einer Firmenpräsentation, einer Messe oder einem Straßenfest) Ihren Film zeigen wollen, handelt es sich juristisch gesehen um eine Veröffentlichung. Wenn Sie in diesem Film Musik von Robbie Williams verwenden, verstoßen Sie gegen das Gesetz. Sie müssten erst mit dem Musikverlag die Rechte abklären (und dafür zahlen) und dann der GEMA den Einsatz melden (und dann – Sie ahnen es schon – zahlen). Damit Firmen, die Ihnen diesen Kostenapparat ersparen möchten, überleben können, verwenden auch Sie bitte die Musik auf der Buch-DVD nicht für eine Veröffentlichung ohne die Erlaubnis von blue valley.

3   Der erste Schnitt – das erste Bild

Abbildung 3.9 ▶
Schwenkende

TC 00:23:16

Die wird prompt mit der Totalen bei TC 00:23:17 geliefert.

Abbildung 3.10 ▶
Halbtotale

TC 00:23:17

Aus dem Close hätte ich frühestens bei TC 00:22:00 rausgehen können, da vorher der Schwenk und die Kopfbewegung nach rechts nicht zu Ende sind.

Probieren Sie es am Rohmaterial aus, es funktioniert einfach nicht. Ich lasse das Bild aber noch länger stehen, bis man die Flamme vor dem Gesicht nicht mehr sieht. Sonst hätte ich ein Anschlussproblem zur Totale, auf der die Flamme des Brenners schon blau ist.

▲ Abbildung 3.11
Falsches und richtiges Schwenkende

Den Teil des »Gasgebens«, in dem die Hand am Ventil des Brenners dreht, hat leider nur Bernhard Lochmann mit der zweiten Kamera aufgenommen. Ich hätte also die Totale reinschneiden und danach in einer weiteren Totale den Griff zum Metallstab zeigen müssen. Das geht nicht, da die Einstellung präzise dieselbe ist. Also lieber das Close vorher etwas länger stehen lassen und dann gleich in die Totale schneiden, die unbedingt kommen muss.

An dieser Stelle merken Sie schon ganz gut, worauf es bei einem guten Schnitt ankommt: Die Bilder müssen nicht nur gut hintereinander, sondern auch voreinander passen.

Da man nicht immer weiß, welches Bild man als nächstes nimmt, neigt man dazu, bereits geschnittene Bilder als **fixiert** zu betrachten, was insbesondere im so genannten linearen, weil bandgestützten, Schnitt und dort vor allem bei aufwändigen Bildgestaltungen verständlich erscheint. Das verlängert die Schnittzeit deutlich! Lernen Sie (ja, das kann wehtun!), sich von Ihren eigenen Ideen auch wieder zu trennen (ja, das auch!). Und wenn Sie noch so stolz waren, den perfekten Anschlussschnitt gemacht zu haben, zögern Sie nicht, ihn in die Tonne zu werfen, wenn Sie einfach kein Bild haben, mit dem Sie danach weiter schneiden können.

Natürlich sollen Sie nicht sofort wegen eines kleinen Problems aufgeben, aber wenn Sie sich sicher sind, dass es keine Möglichkeit gibt, den Film erträglich weiter zu schneiden, dann ändern Sie Ihren letzten Schnitt. Sie ersparen sich unglaublich viel Arbeit dadurch.

Falls Sie zu diesem Zeitpunkt an Ihrem Kunstwerk sehr hängen, speichern Sie die Sequenz unter einem Kopienamen ab, und werfen Sie den problematischen Teil dann erst weg. So können Sie im Zweifelsfalle nachträglich immer noch unbekümmert in die Kiste »Es war aber so schön, bis ...« greifen, wenn Sie den Film dann fertig geschnitten haben. Aber unter uns: Raten Sie mal, wie oft Sie das dann auch wirklich machen ...

Close mit O-Ton im On und Off

Auf die Halbtotale folgt bei TC 00:27:17 wieder ein Close, die das Justieren des Brenners zeigt. Dann beginnt im Off der erste O-Ton mit den Worten: »Ich werde jetzt eine Glasperle drehen.«

Ich lasse den O-Ton im Off beginnen, da dieser an einer zeitlich anderen Stelle gegeben wurde und sonst Anschlussprobleme mit unserer ersten Totale entstanden wären. Das Close auf die Hand erklärt dem Zuschauer, was Frau Schneider da überhaupt macht. In der Totale ist das nicht gut zu erkennen. Außerdem erlaubt mir die Close einen neutralen Einstieg in den O-Ton, und der Anschluss ist perfekt: Der Arm liegt auf der runden Armstütze, der Metallstab wird von oben gegriffen, und nach dem Schnitt in die O-Ton-Totale wird er erst umgedreht. So hätte ich es immer gern, auch wenn es manchmal nicht so perfekt klappt und man Kompromisse eingehen muss.

On- und Off-Text

Als Off-Text wird jeder Text bezeichnet, dessen Quelle man nicht sieht. Also der Erzähler oder auch der Interviewpartner, der von einem Bild verdeckt wird. Ein O-Ton im On zeigt dagegen immer auch den O-Ton-Geber.

Abbildung 3.12 ▼
Perfekter Anschluss auch bei den Händen

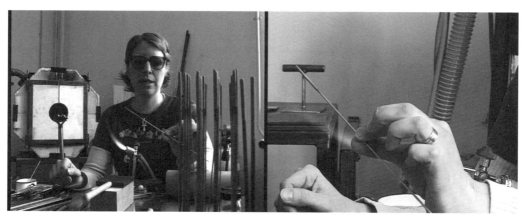

TC 00:37:06   TC 00:37:07

3.4 Musik und Bild, die Erste

Dann ist der O-Ton von TC 00:30:15 bis TC 00:33:19 im On. Da der O-Ton dann auf die Beschichtung des Metallstabes eingeht, will ich den Stab natürlich auch sehen. Also Umschnitt auf den Stab close. Der O-Ton ist dann zwar unglücklicherweise nicht sehr lang im On, aber wir haben Frau Schneider ja schon vorher im Antexter close gesehen. Außerdem kommt nach dem Zwischenschnitt mit dem Metallstab eine längere O-Ton-Strecke im On, so dass also im Fernsehen zum Beispiel Platz für eine Bauchbinde wäre.

Die Blickrichtung des Protagonisten: mögliche Fehler

Ab TC 00:37:07 ist der Stab nicht mehr das zentrale Thema, daher kann ich wieder ins On gehen.

Dabei fällt mir auf, dass ich etwas hätte besser machen können: Frau Schneider spricht mich an, schaut also in der Totale auf die rechte Seite. Da ich neben dem Kamerastativ stehe, muss sie nach oben sprechen. Das ist nicht sehr schön. Wahrscheinlich wäre es besser für das Close gewesen, wenn ich die Kamera während des O-Tons einfach laufen gelassen und mich daneben gesetzt hätte. Dann wäre die Blickrichtung besser gewesen.

Und da wir gerade bei der Schelte sind: Ab TC 00:38.15 hört man ein freundliches »Hm-hm« von mir, das eindeutig nicht dahin gehört. Leider geht der O-Ton auf dem Ausklang vom letzten »M« weiter, so dass ich dieses Geräusch nicht einfach rausschneiden kann, ohne das »Weil« des weiteren O-Tons anzuschneiden. Also lasse ich es hier mal drin und bitte alle Leser um Verzeihung.

An dieser Stelle erkennt man nebenbei auch die ungemeine Arbeitserleichterung mit einer zweiten Kamera. Wäre Kameramann Bernhard Lochmann nicht dabei gewesen, so wäre eine Wiederholung der Szene nach dem O-Ton unumgänglich. So jedoch können wir den Arbeitsfluss ungestört und natürlich lassen, was auch die Protagonistin sicher entlastet.

Anschlussfehler

Wunderschön ist am Ende des O-Tons bei TC 00:48:02, dass Frau Schneider den Kopf wieder zum Metallstab hin dreht.

So wird die Aufmerksamkeit wieder auf den Herstellungsprozess gelenkt, und ich kann fast ungestraft einen **Anschlussfehler** begehen, weil dieser eigentlich gar keiner ist: Achten Sie auf die Hände. In der Totale ist die rechte Hand leer, im Close ist wie durch ein Wunder ein Glas-Stab erschienen.

Bauchbinde

In den Nachrichten und Fernsehmagazinen werden der Moderator und alle Interviewpartner »getauft«, d. h., ihre Namen und eine zusätzliche Information (z. B. Alter oder Beruf) werden am unteren Bildrand eingeblendet. Da dort oft der Bauch zu sehen ist, heißen solche Einblendungen Bauchbinden.

Wenn Sie ebenfalls Bauchbinden verwenden wollen, um Ihrem Film einen dokumentarischen oder professionellen Look zu geben, bekommen Sie in Abschnitt 5.5 ein paar vertrauliche Hinweise, wie Sie solche recht einfach herstellen können und worauf dabei zu achten ist.

3   Der erste Schnitt – das erste Bild

Abbildung 3.13 ▲
Diese Kopfbewegung motiviert den nächsten Schnitt.

Letztendlich aber muss hier kein Anschluss stattfinden. Ein Film darf ja **in der Zeit springen**, wenn das optisch schön geschieht. Und genau das machen wir hier: Nach dem O-Ton kann etwas Zeit vergangen sein, die Hände und der Metallstab befinden sich ja nach TC 00:48:23 in einer anderen Situation. Da hat dann der böse, böse Filmemacher einfach was weggelassen. Und? Schlimm? Nicht im Geringsten. Der Unterschied in Perspektive und Bildinhalt (auf einmal ist ja auch die Flamme viel besser zu sehen) lenken von einem Anschlussfehler vollständig ab, es ist also keiner mehr. Na, da haben wir aber gerade noch mal Glück gehabt.

▲ **Abbildung 3.14**
»Schnittfehler«, der keiner ist

Situative O-Töne und Musik

Als Nächstes kommt wieder ein O-Ton. Meiner Meinung nach macht eine hohe O-Ton-Häufigkeit die Geschichte dichter, und wer kann besser erklären, was er da tut, als derjenige, der im Bild bei seiner Arbeit beobachtet wird? Solche O-Töne nennt man auch »situative O-Töne«, weil sie aus der Situation herausgegeben werden. Ich ziehe diese den O-Tönen in der klassischen Interview-Situation vor, da der Zuschauer aufgrund der Situation sofort sieht, wovon der Mensch da eigentlich redet. Bild und Ton bestätigen sich dadurch gegenseitig ihre Richtigkeit, was die Glaubwürdigkeit und Authentizität des Films erhöht.

Direkt am Ende des O-Tons bei TC 01:06:24 setzt die Musik leise wieder ein. Hier wähle ich erstmals einen geringen Volumen-Pegel, damit sich der Zuschauer nicht erschreckt. Die Notwendigkeit der ruhigen Hand bei der Herstellung der Glasperle wird von der Ruhe der Musik widergespiegelt und sollte nicht durch einen »Schock-Effekt« zerstört werden.

Die nächsten Schnitte sind wieder Anschlussschnitte, wie Sie sie bereits kennen. Aber trotz des Wechsels zwischen der Nahen und der Totale wird´s auf die Dauer langweilig. Es wird also Zeit für einen **Perspektivenwechsel**. Der kommt bei TC 01:20:18 schon ziemlich spät, dafür gibt es gleich einen neuen O-Ton.

◀ **Abbildung 3.15**
Neue Perspektive, neuer O-Ton

An dieser Stelle fällt besonders auf, dass der O-Ton **zu leise** ist. Obwohl ich den Pegel mit Hilfe des so genannten Rubber Bandings – einer Veränderung der Lautstärke auf Keyframe-Basis – angehoben habe, reichen die von Premiere Pro zur Verfügung gestellten +6 dB nicht aus, um den O-Ton auf 0 dB zu heben. Das liegt zum einen natürlich am Ausgangsmaterial, aber auf der anderen Seite sollte eine digitale Tonpegelanhebung von 15 dB für ein Schnittprogramm kein wirkliches Problem darstellen ...

Wie auch immer, da nicht jeder über eine geeignete Audio-Software verfügt, habe ich getan, was ging: den O-Ton so laut wie möglich gemacht und die Musik früher und langsamer als normal abgeblendet, denn der O-Ton soll selbstverständlich trotz der Musik von Anfang an verständlich sein.

3.5 Der Titel – schlicht besticht

Nach den ersten paar Bildern werden Sie öfters einen Titel benötigen. Außer vielleicht im firmeninternen Informationsfilm kommt der Titel meist nicht mehr als Erstes, sondern erst nach der bildlichen Einführung in das Thema. Wer anfangs gute Bilder gut schneidet, bekommt so auch einige von den Leuten als Zuschauer, denen der Titel nichts sagt, da sie der flotte Anfang geschmeidig in den Film reinzieht.

> **Titel texten mit Gefühl**
>
> Die ersten Schlagworte, die einem als Titel einfallen, sind meistens nur die Basis. Wenn Sie einen wirklich treffenden und ausgefeilten Filmtitel präsentieren möchten, hilft es oft, sich vom Film als Ganzes zu lösen und eine Schlüsselszene als Ideen-Kern zu verwenden.

Wer nicht allzu viel Zeit für einen schönen Titel verbrauchen möchte, ist mit den Tools des jeweiligen Schnittprogramms gut bedient. Wer etwas anspruchsvollere Titelanimationen erstellen möchte, die nicht gleich nach Heimkino ausschauen, braucht dazu auch anspruchsvollere Software. Vermutlich der De-facto-Standard hier ist Adobe After Effects. Wie man mit dieser Software Bilder, Grafiken und Text erstellen, bearbeiten und animieren kann, ist einfach sensationell. Darum gebe ich jetzt ein Beispiel für einen einfachen Titel mit dem Titel-Tool von Premiere und gehe auf After Effects in Abschnitt 5.6 beim Thema Grafiken ein. Dort gibt es auch ein Beispiel für eine kleine Titelanimation.

Der Titel soll natürlich zum Film passen. Suchen Sie sich ein Bild, das als Symbol für den ganzen Film dient, und titeln Sie drüber. Wenn Sie nicht zu viel verraten wollen, nehmen Sie einen schwarzen Hintergrund. Und bitte – lassen Sie sich von der Titelerstellung nicht abhalten, den Film zu schneiden! Wenn Sie noch nie einen Titel entworfen haben, lassen Sie nach der Einleitung zwölf Sekunden schwarz für den Titel und schneiden am Film weiter. Den Titel kann man eh am besten dann herstellen, wenn man den ganzen Film kennt!

3.5 Der Titel – schlicht bestickt

Auf der Buch-DVD finden Sie eine Datei Titel_Glas.avi. Die enthält ein einfaches Beispiel für eine Titelanimation, wie sie mit Premiere machbar ist.

Dabei habe ich mir als Titelbild diesen etwas gruseligen Fisch aus Glas auf schwarzem Grund ausgesucht, dann den Arbeitstitel »Brauchbare Glaskunst« auf das Schwarz gesetzt und einen horizontalen Gauß'schen Weichzeichner am Anfang und am Ende animiert. Wenn Sie mit diesem Titel spielen möchten, können Sie ihn in den existierenden Film einfügen. Ich empfehle dazu eine Blende von Schwarz auf den Titel und zurück, versehen mit einem Soundeffekt ähnlich dem Schellenbaumklingeln der Titelmusik von »Der Name der Rose«.

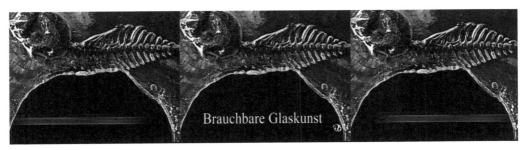

▲ **Abbildung 3.16**
Kleine Titelanimation, zehn Sekunden Länge

Schauen Sie den Titel noch ein paar Mal an. Halten Sie ihn an, wenn die Schrift scharf ist. Fällt Ihnen etwas auf? Naaa? Achten Sie auf den Bildhintergrund und die Textaussage. Dämmert's? Ist das nicht einfach super-gruselig? So etwas nennt man eine **Text-Bild-Schere**. Der Text – hier auch noch geschrieben und nicht im Off – sagt etwas völlig anderes aus als das Bild. Sie sehen ein entsetztes Cutter-Schaudern.

Hier ist also eine Entscheidung notwendig. Gefällt Ihnen das Hintergrundbild so gut, dass Sie ohne es nicht mehr leben können, und möchten Sie daher den Titel ändern? Oder entscheiden Sie sich für den Titel und somit eigentlich für ein bestimmtes Konzept? Sollten Sie es ohne meine Erlaubnis überblättert haben, möchte ich Ihnen dazu nochmals das Kapitel 2 an Ihr geneigtes Leser-Herz legen. Dann muss aber ein anderes Hintergrundbild her, und wenn Sie mich fragen, ist das das kleinere Übel.

Für den Fall, dass Sie tatsächlich meiner Meinung sind, darf ich Ihnen zur Belohnung eine alternative Titelanimation mit der Datei Glas_Titel_.avi vorschlagen, Sie finden diese auf der Buch-DVD. Im fünften Kapitel erkläre ich Ihnen, wie so eine Animation entsteht.

3.6 Die guten O-Töne

Es gibt unzählige Arten, gute O-Töne zu bekommen, viele davon entstehen aber aus der Situation des Protagonisten heraus. Da die Wenigsten jedoch ausgebildete Sprecher sind, muss man im Schnitt häufig Teile von O-Tönen aneinander fügen, so dass verständliche und prägnante Sätze dabei herauskommen.

Ausnahmen sind hier filmische Beobachtungen und Porträts, die sich nicht nur auf den Inhalt der O-Töne konzentrieren, sondern auch die Art der Erzählung wiedergeben, um dem Zuschauer einen Gesamteindruck von Erzähltem und Erzählendem zu vermitteln. Wenn ein Kind vor laufender Kamera das gerade Erlebte aufgeregt kommentiert, sind die ganzen »Ähs« und Verhaspler und Wiederholungen wichtig. Bei der marketinghaltigen Aussage eines Vorstandsmitgliedes sind sie es nicht.

Hier sollten die O-Töne zunächst wenn möglich von Sprachhülsen und anderen überflüssigen Dingen **befreit** werden:

- **Versprecher**, Verhaspeln oder Stottern können oft rausgeschnitten werden.
- ein O-Ton, der mit »**Also**« beginnt, gilt als schlecht geschnitten.
- O-Töne mit »**Wie ich schon sagte**« sollten besser umgeschnitten oder weggelassen werden. Da der Zuschauer den vorherigen Teil des O-Tons nicht kennt (Sie haben ihn ja rausgeschnitten), bezieht sich Ihr Gesprächspartner sonst auf etwas Unbekanntes und weist auf den Interviewer hin. Ausnahme bilden O-Töne, bei denen Ihre Frage ebenfalls zu hören ist und die sonst nicht zu schneiden, aber trotzdem wichtig sind.
- Ewig lange **Denkpausen** können raus, wenn sie nicht durch Mimik oder einen anderen Grund spannend wirken. Oder wenn Sie den Interviewten vorführen wollen.
- **Abschweifungen** können meistens raus. Wenn es um die Unternehmenszahlen geht, ist ein persönlicher Kommentar vielleicht deplatziert. Wenn er spannend ist, schneiden Sie ihn an eine andere Stelle.

3.6 Die guten O-Töne

Wichtig ist, dass Sie sich beim O-Ton-Schnitt nicht vom Bild ablenken lassen. Wenn Sie einen langen Nebensatz rausschneiden müssen, resultiert daraus ein Bildsprung an der Schnittstelle. Aber den können Sie im zweiten Schritt überdecken. Viel wichtiger ist erst mal, dass man den Schnitt nicht hört und dass der bearbeitete O-Ton einen ganzen Satz mit einer sinnvollen Aussage bildet. Dabei kommt es teilweise auf jeden einzelnen Frame an! Wortenden und Raumhall müssen oft raus, dafür kann man manchmal Einatmer als Übergang nehmen.

Wenn Sie den O-Ton geschnitten haben, suchen Sie sich Bilder, mit denen Sie den Schnitt »verstecken« können. Detailaufnahmen der Augen und der Hände oder Zwischenschnitte von den Dingen, die gerade besprochen sind, funktionieren da ganz gut.

Weißblitze vermeiden
Bitte vermeiden Sie, wo immer es geht, die berühmt-berüchtigten Weißblitze, d. h. extrem schnelle Blenden vom O-Ton-Bild auf eine weiße Fläche und wieder zurück zum nächsten O-Ton-Bild. Dieses Hilfsmittel des Endes des letzten Jahrtausends sieht man auch heute noch im Boulevard- oder sogar Nachrichtenbereich des Fernsehens.

Auch lustige Weichzeichner-Effekte (»Blur-Effekte«), vielleicht noch in Verbindung mit schnellem Rein- und Raus-Zoom, sind in den allerseltensten Fällen passende Stilmittel.

Video-Hinweis
Abschreckende Beispiele für den O-Ton-Schnitt mit Weißblitz und Blur finden Sie in der Datei effekte.avi. Außerdem zeigen die beiden Beispiele, wie mit einem einzigen Schnitt der Inhalt eines O-Tons in sein genaues Gegenteil verkehrt werden kann. Beides bitte nicht zu Hause nachmachen. Danke!

▲ **Abbildung 3.17**
O-Ton durch Blur, erste Hälfte …

▲ Abbildung 3.18
… und zweite Hälfte

Selbst auf MTV oder Viva sind solche Effekte ein Zeichen dafür, dass die Bilder lahm waren und deshalb künstlich »dynamisiert« werden mussten. Denn warum soll ich optisch etwas trennen, was doch inhaltlich und situativ zusammengehört?

Mancher Redakteur wird jetzt die Luft scharf einziehen: Ein Weißblitz oder ein anderer Effekt-Trenner innerhalb eines O-Tons ist für mich eine Krücke mit einem Zettel, auf dem steht: »Ich habe keine Zeit, keine Bilder, keine Idee oder keine Lust gehabt.« Gegen die ersten beiden Gründe kann man gerade in der aktuellen Berichterstattung nichts machen. Dann wird halt mal geblitzt. Aber wenn man sich Mühe gibt, findet man in den meisten Fällen immer noch eine optisch ansprechendere Lösung. Versprochen.

Tonschnitt überdecken
Verwenden Sie alles, was geht: Totale ohne erkennbare Lippenbewegung, Schüsse über die Schulter, Superclose, Fotos, Reaktionen.

Vorziehen von O-Ton

Ein schönes Stilmittel hingegen sieht und hört man immer häufiger: das so genannte »Vorziehen« von O-Tönen. Besonders zu solchen Einstellungen, die das im O-Ton angesprochene Thema zeigen, wirkt ein O-Ton-Anfang sehr harmonisch. Sie schaffen mit dem Vorziehen einen eleganten und dichten Übergang von Ihrem letzten Bild zur O-Ton-Situation.

Ein einfaches Beispiel ist der O-Ton ab TC 00:53:23. Das Bild zeigt die Hände, die den Glasstab bzw. den Metallstab halten:

3.6 Die guten O-Töne

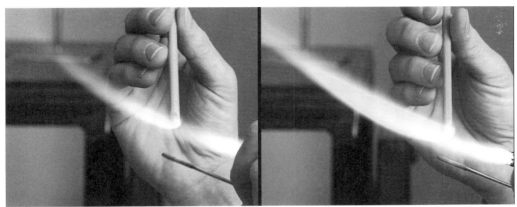

TC 00:48:23
Vor dem O-Ton

TC 00:53:23
»Weil das Glas die ...«

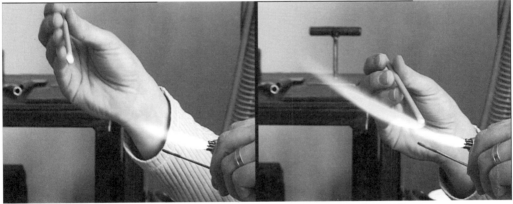

TC 00:57:18
»... von oben an ...«

TC 00:58:13
»... und geht rein in die Flamme ...«

▲ **Abbildung 3.19**
Bild und O-Ton im Off sind synchron.

Wie macht man so etwas? Zunächst muss der O-Ton natürlich rangeschnitten werden. Zwischen den beiden O-Tönen möchte ich ungefähr neun Sekunden Platz lassen, damit ich später zwischen den beiden O-Tönen im Off vielleicht selber noch etwas sagen kann – vorausgesetzt, mir fällt etwas Gescheites ein. Also setze ich meine In-Punkte sowohl im Player- als auch im Rekorder-Fenster entsprechend und schneide den O-Ton rein.

3 Der erste Schnitt – das erste Bild

Abbildung 3.20 ▶
O-Ton »Perlen4.avi« wird geschnitten.

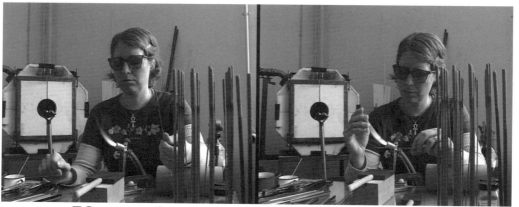

TC 00:00:48:22   TC 00:00:48:23

▲ **Abbildung 3.21**
Der daraus resultierende Bildschnitt

So passen die Bilder natürlich nicht hintereinander, außerdem habe ich ja dieses wunderschöne Close mit der Flamme und dem Glasstab. Dieses Bild will ich nun zum O-Ton synchronisieren.

Hier ist eine »Drei-Punkt-Landung« angesagt. Punkt 1 ist der Beginn des O-Tons, Punkt 2 ist der Synchronisierungspunkt, nach dem sich das Insert-Bild richtet, und Punkt 3 ist der Out-Punkt des **Inserts**, ab dem der darunter liegende O-Ton ins On kommt, Frau Schneider also wieder zu sehen ist.

Das Geheimnis liegt in der geeigneten Wahl eines Synchronpunktes. In diesem Fall ist es TC 00:57:18: »… fängt man meistens von **oben** an…« Hier möchte ich sehen, wie der Glasstab am oberen Ende der Flamme ist und langsam in die Flamme geführt wird. Den Out-Punkt des Rekorders (= der Timeline) bestimmt ebenfalls der O-Ton, und zwar die Stelle: »… geht rein in die Flamme …« Als Nächstes suche ich mir mein tatsächliches In für das Close. In diesem Fall ist es TC 00:48:23.

3.6 Die guten O-Töne

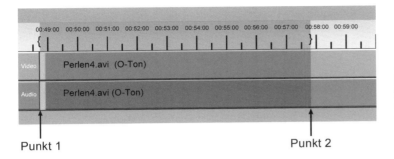

Punkt 1   Punkt 2

◄ **Abbildung 3.22**
In und Out zur Synchronisation von Insert-Bild und O-Ton, hier ist das Insert noch nicht reingeschnitten.

Nach dem In bekomme ich die **Länge** vom In- bis zum Out-Punkt angezeigt: **08:21**. Das sind bis auf vier Frames genau neun Sekunden. Präzise genug. Dann suche ich mir auf dem Rekorder einen sympathischen Out-Punkt für mein Close, um dort den O-Ton ins On kommen zu lassen. Jetzt wähle im Projektfenster den Clip mit dem Close aus und lade ihn in den Player. Dort suche ich mir meine zu synchronisierende Stelle, die den Anfang der Bewegung des Glasstabes von oben nach unten zeigt. Das ist bei dem Clip Perle_Erklärung2.avi beim TC 01:23:00 der Fall.

Von dort gehe ich die 08:21, die ich auf dem Rekorder bis zum Sync-Punkt brauche, zurück und markiere ein In für den Player. Daraus folgt, dass sowohl im Player- als auch im Rekorder-Fenster zwei In-Punkte gesetzt sind, die exakt 08:21 vor dem Sync-Punkt liegen.

Jetzt muss die Audiospur abgewählt werden, da wir ja nur das Bild des O-Tons, nicht aber das Audio löschen wollen. Dann kann der Clip aus dem Player- ins Rekorder-Fenster mit »Overwrite« geschnitten werden.

Das Resultat auf der Timeline sieht so aus:

◄ **Abbildung 3.23**
Überdeckung der ersten Sekunden des O-Tons

Schauen Sie sich jetzt die Stelle auf der Sequenz an – der O-Ton ist bei TC 00:48:23 zu Ende, das nächste Bild ist die Flamme und der Glasstab nah und bei TC 01:02:19 ist der O-Ton im On. Juppidu!

3.7 Schnittfehler

Da habe ich etwas für Sie vorbereitet ... Schauen Sie sich doch mal den Film Schnittfehler.avi an. Jeder einzelne Schnitt enthält mindestens einen Fehler! Sehen Sie selbst.

Anschlussfehler 1
Das Filmchen beginnt mit einem schönen Aufzieher von der Hand und der Brennerflamme. Zunächst ist die Hand noch im Bild, dann wird sie weggenommen. Im nächsten Schnitt ist wie durch ein Wunder ein Glasstab an der Flamme. Wow! So schnell ist noch nicht mal David Copperfield. Also ein klassischer Anschlussfehler.

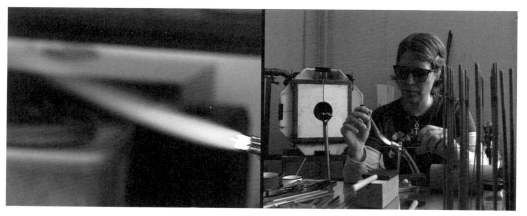

▲ Abbildung 3.24
Schnittfehler 1: Anschluss

Bild- und Tonsprung
Jetzt wird's gruselig. Achten Sie in Abbildung 3.25 und im Film auf die Farbe der Flamme, die Kopfstellung (vergleichbar durch den Hintergrund) und den Mund. Das hüpft auf's Feinste. Und damit es nicht zu einseitig wird, ist der O-Ton auch noch im Audio angeschnitten. Brrrrrr.

O-Ton-Fehler
Den Fehler Nr. 3 können Sie nur hören: Am Ende des O-Tons ist noch das »U« vom »und« zu hören. So geht's nun mal nicht.

3.7 Schnittfehler

▲ Abbildung 3.25
Schnittfehler 2: Bild- und Tonsprung

Fehlbild

Hier sieht man – aus welchen Gründen auch immer – einen Frame, der da so nicht hingehört. Das Schlimme an diesem Fehler ist, dass er gar nicht mal so schlecht aussieht. Wenn Sie also einen Musik-Clip schneiden, kann man so etwas als Stilmittel oder Video-Trick einsetzen. Aber in einem eher dokumentarischen Film haben Fehlbilder nichts zu suchen. Wenn Sie das Fehlbild nicht sehen, schauen Sie sich die Stelle öfter an. Irgendwann kommt's.

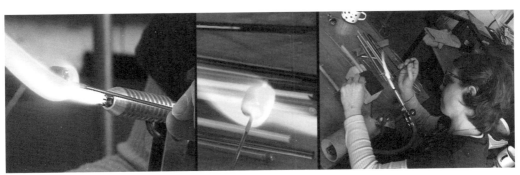

▲ Abbildung 3.26
Schnittfehler 4: Fehlbild

Unbegründeter Riss

Das kennen manche wohl noch aus den aufregenden 8-mm-Tagen des Amateurbereichs: angerissene Bildenden. Ein damals verständlicher Effekt: Filmen auf Zelluloid war (und ist) sehr teuer, also will man nichts verschenken. Deshalb kommen die freundlich als »Arbeitsschwenks« bezeichneten Kamerarisse rein. Aber: Wir schneiden doch Video! Das Bandmaterial ist nicht so teuer! Unser Film muss nicht die zehn Frames länger werden. Wie schon bei Fehler Nummer 4: Man kann es zum Stilmittel erheben. Auch im experimentellen Video kann so ein Riss seine Berechtigung haben. In unserem Fall passt es jedoch nicht wirklich zum Film, also weg damit.

▲ **Abbildung 3.27**
Schnittfehler 5: unbegründeter Riss

Anschlussfehler 2
Auf den (Stand-)Bildern erkennt man es eher als im Film: Das ist auch ein Anschlussfehler. Mal ist der Kopf nach rechts und mal nach links geneigt. Aber: Im bewegten Bild sieht es nicht so schlimm aus, da der Perspektivenkontrast sehr hoch ist. Deshalb: Na ja, so etwas geht schon mal durch, wenn man gar keine andere Chance hat.

Was aber so gar nicht durchgeht, ist die Atmo-Spur. Da hören wir doch ein fröhliches Objektivdeckel-Geklapper im Hintergrund?! Selbst wenn man den Bildschnitt gelten lassen müsste – im Ton ist noch etwas Arbeit angesagt. Da kann man entweder die Atmo des vorigen Bildes unter dieses Bild ziehen (bei Adobe Premiere muss man dafür Video- und Audiospuren voneinander trennen) oder die Atmo vom nächsten Bild vorziehen, oder wenn beides nicht geht, durch eine andere passende Atmo ersetzen. Klingt streng, ist aber so.

3.7 Schnittfehler

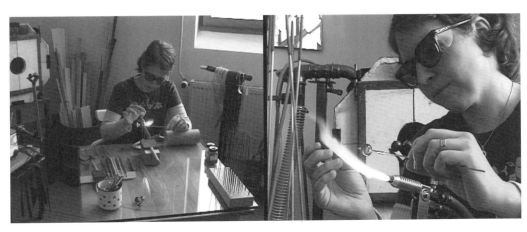

▲ Abbildung 3.28
Gemeiner Anschlussfehler

Thematischer Anschlussfehler
Achten Sie im Film und in Abbildung 3.29 auf die Form der Glasperle. Gesehen? Im Close sind kleine Erhebungen zu sehen, die vorher gar nicht da waren. Die kommen wie aus Kais Kiste. Da fragt man sich mit Recht »Und wo kommen die jetzt her?« Die Antwort: Der Editor hat nicht aufgepasst. Es handelt sich einfach um zwei verschiedene Perlen.

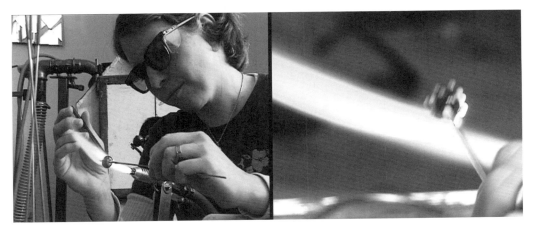

▲ Abbildung 3.29
Thematischer Anschlussfehler

3 Der erste Schnitt – das erste Bild

So geht´s nicht. Selbst wenn man an dieser Stelle das Thema auf die zweite Perle bringen möchte und diese absichtlich hineingeschnitten hat, wird der Schnitt optisch als Anschlussschnitt interpretiert. Der Zuschauer wird den Schnitt einfach nicht verstehen, und die darauf folgende Geschichte wird gnadenlos verwirren. Wenn man also von einer Perle zur nächsten kommen möchte, muss man diesen Übergang für den Zuschauer nachvollziehbar gestalten. Ein als Anschlussschnitt getarnter Themenwechsel wird schnell problematisch.

Fehlersammlung
Hier ist der Themenwechsel sichtbar, aber ebenfalls nicht schön dargestellt. Die Fehler im Einzelnen:
- Die Perspektiven sind sich zu ähnlich.

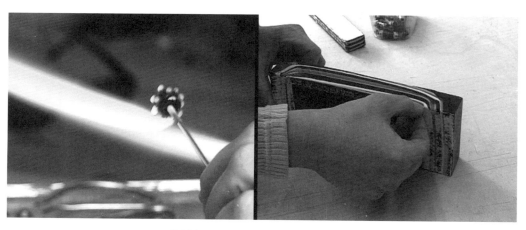

▲ Abbildung 3.30
Fehler Nr. 8: Close auf Close

- Der Themenwechsel beginnt mit einem Off-O-Ton. Normalerweise möchte man aber den Protagonisten vorher sehen, zumindest kurz. Dafür gibt es ja diese Antexter.
- Audio: Der O-Ton fängt mit einem Atmer an. Muss nicht sein.
- Audio: Der Satz beginnt mit einem »Und«. Da der O-Ton hier auch ohne dieses »Und« einen ganzen Satz bildet, kann man es weglassen. Es gibt allerdings O-Töne, die unglaublich wichtig und trotzdem nur Nebensätze sind. Dieses Problem umgeht man durch einen entsprechenden Off-Text des Erzählers, der den O-

Ton entsprechend einleitet und so einen grammatikalisch richtigen Satz herstellt. Nicht sehr schön, aber manchmal unvermeidbar.
- Audio. Nach dem Wort »gebogen« hört man fröhliches Geklapper im Hintergrund. Da es nicht auf dem gesprochenen Wort liegt, kann man das überdecken. Genauso wie den schlimmsten Audio-Fehler an dieser Stelle:
Mein »Mhm«. Das muss auf jeden Fall rausgeschnitten werden. Sonst identifiziert sich der Zuschauer vielleicht noch mit dem Kameramann statt mit der Protagonistin. Na super!

Bewegung abgeschnitten
Selten, aber trotzdem sieht man, wie augenlenkende Bewegungen z. B. von Händen nicht zu Ende gebracht werden. Schaut nicht schön aus. Besser ist es, man lässt das Bild stehen, bis die Bewegung zur Ruhe gekommen ist. Außer natürlich beim Anschlussschnitt, dort ist es sogar einfacher und auch eleganter, in der Bewegung zu schneiden.

▲ **Abbildung 3.31**
Bewegung abgeschnitten

Kameraschnitt in der Blende
Den nächsten Fehler sieht man schön öfter, weil er nicht immer leicht zu entdecken ist. Situation: Bild B wird über Bild A geblendet, die Blende dauert z. B. 20 Frames. Bild A hält aber nur 17 Frames (oder 18 oder 19), danach kommt es durch die Kamera zu einem

Schnitt. Und das »hüpft« ein wenig. Das überblendete Bild bildet sozusagen einen unruhigen Hintergrund für die Blende. So etwas sieht wirklich nur sehr selten schön aus.

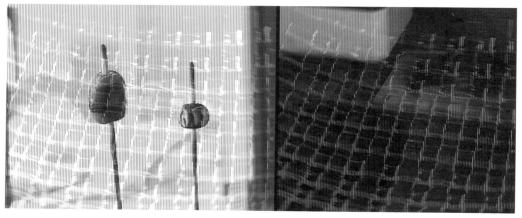

▲ Abbildung 3.32
Kameraschnitt in der Blende

3.8 Was kennzeichnet guten und schlechten Schnitt?

In und Out beim guten Schnitt: Die folgende Liste beschreibt Schnitttechniken und Anhaltspunkte, die heute funktionieren oder auch nicht. Über manche Punkte kann man sicherlich streiten, andere werden in fünf Jahren oder fünf Wochen überholt sein, und wieder andere werden sich länger halten.

Katastrophen im Schnitt
Hier meine Top 10 der Katastrophen im Schnitt:
- Platz 10: Anschlussschnitte, die sichtbar falsch sind
- Platz 9: Bild-Ton-Versatz. Immer wieder sieht man O-Töne, die nicht synchron zum Ton sind.
- Platz 8: Fehlbilder. Das sind Frames, die vom vorherigen (Kamera-)Schnitt übrig geblieben sind.
- Platz 7: Fehlbilder in Blenden. Wenn eine Blende so lang ist, dass man noch den Kameraschnitt darunter sehen kann, ist sie einfach zu lang und der Video-Editor zu müde. Es sieht immer merk-

würdig aus, wenn während einer Blende von einem Bild zu einem anderen das untere Bild schlagartig von einem dritten Bild ersetzt wird, während das zweite Bild immer mehr durchblendet und deckend wird. Siehe Abteilung »Schnittfehler«.
- Platz 6: Sprünge über die Kameraachse. Dazu später mehr.
- Platz 5: Audio: Musikblenden, bei denen die beiden Musikstücke gegeneinander verstimmt sind. Schlecht auch für Finger- und Zehennägel, da sich diese dabei aufrollen. Von den Frisuren ganz zu schweigen.
- Platz 4: Nicht zur Ruhe gekommene Schwenks, an die ein stehendes Bild geschnitten wird. Mit Ausnahmen.
- Platz 3: Text-Bild-Scheren. Wenn der Off-Text etwas völlig anderes sagt, als das Bild es zeigt, so ist das unglaublich verwirrend. Einzige Ausnahme: gewollte zweite Erzählebene. Siehe In-Liste.
- Platz 2: Video-Effekte ohne Sinn
- Platz 1: Protagonisten-Antexter, bei denen man anhand eines Nickens erkennt, dass der Hauptperson ein fröhliches »Und bitte!« zugerufen wurde, damit sie endlich losmarschiert. Gesehen in einem Beitrag einer ARD-Anstalt. Dreimal.

Top 10 der schönen Stilmittel
Und jetzt die guten Nachrichten: Die In-Liste der schönen Stilmittel im Schnitt:
- Platz 10: O-Töne vorziehen
- Platz 9: Bild-in-Bild-Montagen bei zeitgleichen Ereignissen
- Platz 8: Schwarzblenden. Wirken immer cineastisch und verstärken Aussagen wie Betroffenheit, Ausweglosigkeit oder signalisieren einfach einen Themen- oder Ortswechsel.
- Platz 7: Typo-Animationen, die dem Film, seiner Struktur oder seinem Konzept dienen. Manchmal reichen hier auch einfache, schön gestaltete Tafeln aus, um dem Zuschauer die erlösende finale Information über die Gedankengänge des Filmemachers zu enthüllen. Ein unterhaltsamer und ausdrucksstarker Weg, um langweilige Bilder dynamischer zu gestalten. Meist allerdings zeitaufwändig in der Herstellung.
- Platz 6: Videoschnitt auf Musikimpulse. Wunderschön, wenn es genau da bildlich kracht, wo es in der Musik donnert.
- Platz 5: Musikschnitte, die man nicht hört. Besonders wenn es sich um unterschiedliche Musikstücke handelt.
- Platz 4: Die richtige Musik am richtigen Platz. Einschließlich der absoluten Stille.

- Platz 3: Atmo, die das nächste Bild einleitet. Ein Klassiker, der immer wieder wunderschön funktioniert und für einen homogenen Filmfluss sorgt.
- Platz 2: Bildstrecken, die nicht zugetextet sind, weil die Bilder schön und gut geschnitten sind.
- Platz 1: Fehlerfreie, feinfühlige Montage

4 Story-Telling

Erzählen Sie eine gute Geschichte.

Sie werden lernen:
- Nutzen Sie die Macht der Montage, um Geschichten gut zu erzählen.
- Setzen Sie Musik zielgerecht ein.
- Springen Sie per Trenner zu einem anderen Thema.
- Erzählen Sie durch einen Sprecher im Off.
- Spannen Sie den Bogen Ihrer Geschichte.

Kaum etwas fesselt die Menschen so sehr wie eine spannend erzählte Geschichte. In diesem Kapitel bekommen Sie die wesentlichen Werkzeuge, um Ihre Filme spannend und unterhaltsam zu gestalten.

Während es im Allgemeinen bei uns »Schnitt« oder vielleicht noch »Video-Editing« heißt, darf man neben diesen eher technisch geprägten Begriffen die eigentliche Tätigkeit des Cutters oder Video-Editors nicht übersehen: **Sie erzählen mit Ihrem Schnitt eine Geschichte.**

Schnitt ist das zentrale Werkzeug, wenn Sie einen Film herstellen, der aus mehr als einer einzigen Kamera-Einstellung besteht (gibt's wirklich!). Daher finde ich den französischen Begriff der Montage als Bezeichnung für die Zusammensetzung der Geschichte aus einzelnen Bildern und Szenen sehr zutreffend. Die Reihenfolge der Szenen entscheidet dabei über den Inhalt und die Aussage der ganzen Geschichte! Um auf solch einem machtvollen Instrument spielen zu können, sollten wir uns einmal die einzelnen Spieltechniken anschauen.

4.1 Montage der Abfolge

Hier wird eigentlich so geschnitten, wie alles wirklich passiert ist: erst A, dann B, dann C etc. Klingt langweilig, kann aber durchaus die Spannung erhöhen.

Kopfkino: Eine Hand füllt eine Flüssigkeit aus einem Röhrchen in eine Kaffeetasse. Gegenschuss: Die Hand im Vordergrund wird mit dem Röhrchen zurückgezogen, während im Hintergrund die Tür aufgeht. Schnitt: Ein Mann betritt seine Wohnung, setzt sich an den Tisch, hebt die Tasse an den Mund. Da wird nichts an der Reihenfolge verändert, aber der Inhalt und die schon fast monotone Montage können die Spannung erhöhen. Dies ist als erzählendes Mittel eine feste Grundlage.

4.2 Montage durch Anschlussschnitt

Diese Art der Montage ist ebenfalls eine echte Basis des Schnitts. Sie dient der zeitlichen oder räumlichen **Auflösung** einer Handlung. Durch den Perspektivwechsel kann Dynamik und Spannung erzeugt werden.

Beispiele für Anschlussschnitte haben Sie bereits reichlich im dritten Kapitel gesehen. Bitte verwechseln Sie ihn nicht mit der Abfolge-Montage. Dort geschehen mehrere Aktionen, während der Anschlussschnitt in verschiedenen Abschnitten ein und derselben Aktion verwendet wird und diese in unterschiedliche Perspektiven (mit unterschiedlichen Bedeutungen) auflöst.

4.3 Montage von Parallelen

Hier werden Handlungsstränge so montiert, dass ihre zeitliche oder inhaltlichen Parallelität offensichtlich wird. Allerdings treffen sich die Parallelen bei dieser Art der Montage nie ■.

Schauen Sie sich den Film Gecko Glass.avi an. Nach dem O-Ton über das Bestreben des Glases, sich zu einer Kugel zusammenzuziehen (TC 01:41:12), schneide ich ohne Bedenken auf einen Schwenk von einer bunten Glasplatte im Brennofen auf Daniela Reiher, die diesen Ofen programmiert.

Eigentlich passen diese Bilder thematisch nicht aneinander. Ich sollte bei Situationen, in denen zwei Themen zeitlich und räumlich sichtlich auseinander liegen, einen bildlichen Übergang in Form einer Blende oder aber einen »Trenner« wie zum Beispiel einen Kamera-Wischer verwenden.

> **Kopfkino**
>
> Ihr Sohn (sofern Sie einen haben) läuft mit der Schultüte in der Hand vor der Kamera zum Schulgebäude. Umschnitt auf die Tür, die von einer kleinen Hand geöffnet wird. Schnitt: Ihre Tochter (siehe oben) läuft auf die Schule zu, nimmt ihre Schultüte in den anderen Arm, um die Tür zu öffnen. Schnitt: Ihr Sohn sitzt zum ersten Mal in einem Klassenzimmer. Schnitt: Ihre Tochter auch. So kann das immer weiter gehen, weil sich die beiden Kinder zwar räumlich Parallelen liefern, zeitlich aber in dieser Szene nicht treffen müssen (außer auf dem Schulhof oder wenn Sie Zwillinge haben).

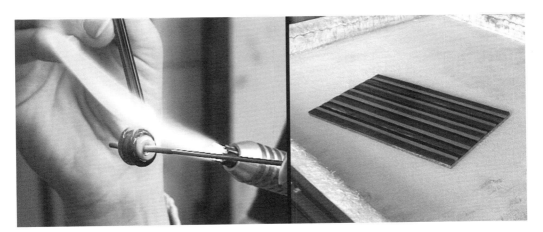

▲ **Abbildung 4.1**
Themenwechsel durch zeitliche Parallelen

Warum das trotzdem geht? Weil ich an dieser Stelle im Off sagen werde: »Während die Perle fertig gestellt wird, wird Daniela Reiher den Ofen programmieren, denn er braucht zwei Stunden, um auf Betriebstemperatur zu kommen«.

Sicherlich ist diese Sequenz nicht ganz der Wahrheit entsprechend montiert, verdichtet den Film aber ein wenig, weil mehr geschieht, ohne dass man es sieht. In unserem Fall kann man es aber noch hören – was will man mehr!

Dabei springe ich nicht zwischen beiden Aktionen Bild für Bild hin und her. Das wäre eindeutig zu schnell für den Zuschauer an dieser Stelle, weil das Thema keine große Geschwindigkeit hergibt. Den »Druck« durch ständige Ortswechsel könnte ich nur dann gerechtfertigt erhöhen, wenn jetzt Hektik ausbrechen würde. Da das Gegenteil der Fall ist, soll die Kamera noch für vier zusätzliche Bilder auf Daniela Reiher bleiben, wie sie den Ofen programmiert und die Schale schon darin liegt. Leider habe ich an der Stelle zu wenige Bilder von der Situation, also muss ich welche woanders »klauen«.

Fündig werde ich bei Flasche schleifen 04.avi, wo ich ein schönes Superclose von Daniela Reiher habe. Die Einstellung löst den Kopf völlig vom Hintergrund und der eigentlichen Tätigkeit, so dass ich sie problemlos hier verwenden kann. Einzig die Bildfarbe fügt sich nicht ganz reibungslos zwischen die anderen Bilder. Diejenigen, die das stört, mögen bitte das Gamma etwas höher schrauben. Für alle anderen: Passt schon.

> **Parallelen nutzen**
> Sie erhöhen durch die Parallel-Montage die Dichte und die Abwechslung in Ihrem Film.

Abbildung 4.2 ▲
Zwischenschnitt als Rettung

Zu guter Letzt muss noch an der Audiospur gebastelt werden. Das Schleifgeräusch des Superclose passt nicht zu der Ofen-Situation. Also wird das Audio des Clips Flasche schleifen 04.avi in der Sequenz gelöscht und die Atmo von Temperatureingabe 2.avi unter den Flasche-Schleifen-Clip gezogen. So erhalten Sie eine kontinuierliche Atmo-Spur, welche die beiden Bilder zusätzlich verbindet.

4.3 Montage von Parallelen

Aber auch die Atmo der ganzen Ofen-Programmier-Strecke reicht mir nicht aus. Hier lege ich zusätzlich die Atmo aus einem Perlenclip (Perle 6.avi) darunter, damit man im Hintergrund noch das Fauchen des Brenners hört – beide Aktionen finden schließlich im gleichen Raum und angeblich zur gleichen Zeit statt. Würde ich das Audio nicht derartig bearbeiten, wäre ein wichtiges Indiz der Parallelität verloren und könnte manchen Zuschauer irritieren. Und dies wollen wir doch genauso wenig, wie ihn darauf aufmerksam machen, dass nicht alles, was er im Fernsehen sieht, auch hundertprozentig stimmt …

Zusammenhänge schaffen
Aktionen, die zeitlich voneinander getrennt aufgenommen wurden, kann man durch Verschmelzung der Atmos akustisch – und somit logisch – verbinden.

Es ist schon eine ziemliche Fummelei, aber sagen Sie nicht, ich hätte Sie nicht gewarnt! Und das alles nur, um eine parallele Montage vorzunehmen. Aber anspruchsvoller Schnitt beansprucht hauptsächlich den Editor und nicht den Zuschauer!

Die beiden Aktionen der Protagonistinnen gehen parallel noch ein wenig weiter. Nach dem Programmieren und dem bunten Glas schneide ich auf die Perle zurück, die jetzt fertig ist. Der Atmo-O-Ton »Fini!« ist wunderschön, ich lasse ihn aber im Atmo-Pegel (also etwas leiser als 0 dB), da er sonst zu sehr rauscht. Die Perle wird dann in den Sandtopf gesteckt.

◀ Abbildung 4.3
Perle im Sandtopf

Nun könnte ich, wenn ich denn wollte, auf den heißen Ofen schneiden und zu einem der Höhepunkte des Films kommen: dem »Glasziehen« der bunten Glasplatte im über 930 Grad heißen Ofen. Will ich aber nicht – so schnell heizt der Ofen nicht hoch, und ich möchte mich ja auch bei Kennern der Materie nicht blamieren.

4 Story-Telling

> **Story verdichten**
>
> Wenn Ihre Zielgruppe über acht Jahre alt ist, müssen Sie für eine hohe Erzähldichte sorgen. Parallelen eignen sich besonders dazu, weil Sie dann mindestens zwei Handlungsstränge gleichzeitig verfolgen und so dem Zuseher gefühlsmäßig doppelt so viele Informationen geben.

Stattdessen wird ein neues Fass aufgemacht, genauer: eine Flasche. Auch der Sprung vom Perlentopf zur Glasflaschenbearbeitung gelingt über eine Montage von Parallelen, der zeitliche Zusammenhang wird im Off-Text geliefert: »Währenddessen ritzt Daniela Reiher eine Prosecco-Flasche an, um deren Hals abzusprengen.«

Hier könnte ich schon verraten, was daraus dann werden soll. Tu ich aber nicht – Sie erinnern sich noch an das Konzept des Films? Und damit es nicht langweilig wird, schicken wir gleich einen O-Ton hinterher, damit der Zuschauer erklärt bekommt, wie die Sprengung nun vor sich geht. Bettina Schneider geht auf den Ritz an der Glasoberfläche ein, also wollen wir den auch sehen. So schneide ich also auf die Aktion von Daniela Reiher. Der O-Ton geht im Off weiter, während die Vorbereitungen laufen.

Abbildung 4.4 ▶
Umschnitt auf die Aktion von Daniela Reiher

Das erhöht das Erzähltempo, und nach dem O-Ton wird der Flaschenhals abgesprengt. Das ist relativ dicht, der Zuschauer hat also erst einmal eine kleine Pause verdient – geben wir sie ihm. Die »Sprengung« soll frei stehen – ohne Text im Off. Danach wird eines der fertigen Objekte von Bettina Schneider präsentiert: ein Trinkglas. Bitte im Hinterkopf behalten: Wir schneiden eigentlich Parallelen. Durch die Demonstration weiß der Zuschauer, wohin es geht, und das nimmt Spannung und Fahrt raus: Die Pause ist da.

Bei TC 03:04:00 habe ich mir eine kleine Schweinerei erlaubt: Ich verwende unter dem Glasdrehen-Bild eine andere Atmo mit einem Impuls (da ist irgendetwas auf den Tisch gefallen), um die Neugier des Zuschauers wieder zu wecken. Es sind ja schließlich zwei Personen im Raum, und während der Glasvorführung geht es mit der Bearbeitung der blauen Prosecco-Flasche weiter. Der Rand des abgesprengten Unterteils wird jetzt geschliffen. Das ist wieder Grund genug, um in wenigen Anschlussschnittchen den Glasrand glätten zu lassen.

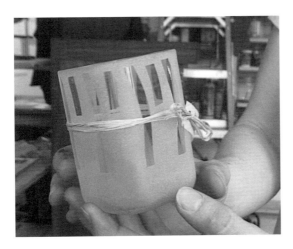

◄ **Abbildung 4.5**
Trinkglas

◄ **Abbildung 4.6**
Handlungsstrang Flasche

Kamerafehler verdecken
Leider habe ich kein neutrales Bild zu dem Thema, um in die nächsten Stationen des Herstellungsprozesses – Bekleben und Sandstrah-

4 Story-Telling

> **Kamerafehler verdecken**
>
> Wenn Sie einen schönen Film herstellen möchten, verraten Sie dem Zuschauer nicht, was beim Dreh alles schief gegangen ist Eine Methode, fehlende Bilder oder andere Kamerafehler zu überdecken, ist die Verwendung von Schnittbildern, die eigentlich aus ganz anderen Stellen des Rohmaterials stammen.

len – überzugehen. Ein Klassiker wäre der Tisch gewesen, auf den dann die blaue Vase in ihrer Rohform gestellt wird.

Nach mehreren Sekunden der Selbstgeißelung und mehreren Stunden der Materialsuche kam dann doch noch das erlösende Bild, das ich bei TC 03:34:11 reinschneiden konnte: Frau Reiher beugt sich über das Glas. Dass sie da bereits an einem anderen Arbeitsplatz im Raum ist, stört nicht, weil dieser Schnitt ein Anschlussschnitt sein **könnte**. Ein wenig peinlich hingegen ist, dass sie auf einmal keine Schürze mehr trägt – das ist schon eher zu bemerken. Damit dieser Sprung aber nicht zu sehr wehtut, schaffe ich einen zusätzlichen Übergang auf der Audio-Ebene.

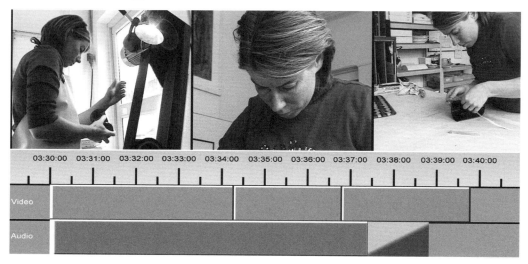

▲ **Abbildung 4.7**
Tonüberhang

Ich lasse den Ton der Schleifmaschine in die nächsten Bilder hineinragen. Die Schleifmaschine braucht sehr lange zum Auslaufen, und das Auge verzeiht offensichtlich viel, wenn das Ohr ihm gut zuredet. Auch nach dem Sprung aus der Nahen in die Halbtotale lasse ich die Maschine noch ein wenig weiterlaufen, dann muss aber gut sein.

So schnell, wie das Bekleben des Glases geschnitten ist, kann es nicht vor sich gehen. Da könnte sich der Zuschauer dann auf den Arm genommen fühlen. Um davon abzulenken, lege ich gleich einen O-Ton hinten an, der charmanterweise erklärt, was als Nächstes kommt. So können wir mit einem fröhlichen Pfeifen auf den Lippen zur nächsten Station gehen: dem Sandstrahlen.

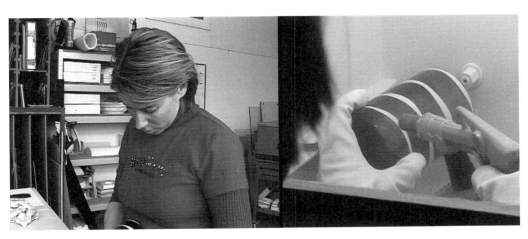

▲ **Abbildung 4.8**
Ortswechsel durch Perspektivenkontrast

Erst hier sehen wir beide Protagonistinnen bei ein und derselben Tätigkeit. Daraus folgt, dass ab hier die parallele Montage beendet ist.

Noch einmal: Es handelt sich **nicht** um eine Parallelmontage (siehe Abschnitt 4.5), da die verschiedenen Aktionen der Künstlerinnen nicht zusammentreffen, wie es zum Beispiel bei der Herstellung zweier Details für ein größeres Objekt der Fall wäre. Durch die Montage von Parallelen werden nur mehrere Vorgänge zeitlich parallelisiert: die Perlenherstellung, die Aufheizung des Ofens, die Vasenherstellung. Kein Höhepunkt, keine Kumulation an einem Punkt.

Nach dem O-Ton funktioniert der harte Schnitt auf das Close, weil Daniela Reiher nicht erkennbar im Bild ist, obwohl sie das blaue Glas im zweiten Bild selber sandstrahlt: Montage der Abfolge, kennen Sie schon. Bildlich hilft dabei, dass die beiden Bilder ein großer **Perspektivenkontrast** trennt.

Zunächst regiert auch hier der Anschlussschnitt, aber bei TC 04:01:07 (nach dem Close auf die Hand beim Sandstrahlen) gibt es einen Stolperstein: Wie komme ich heil von der Nahen in die Halbnahe? Die Aktion von Daniela Reiher ist ganz offensichtlich im Close nicht zu einem Ende gekommen, und trotzdem öffnet Bettina

> **Bilder erzeugen**
>
> Wenn Ihnen ein sehr wichtiges Bild fehlt, versuchen Sie es wie hier, durch einen Atmo-Ton zu »erzeugen«.

Schneider die Tür, ohne dass ein Schwall Sand raus kommt. Das passt also zeitlich nicht wirklich zusammen.

Stellen Sie sich einen Ball vor, der von der Kamera verfolgt von links nach rechts durchs Bild hüpft, und in dem Moment, in dem er gerade wieder auf dem Boden aufkommt, schneiden Sie auf ein Superclose, wie der Ball weiterrollt. Brrrrrr.

Die Situation beim Sandstrahl ist aber eine andere: Worauf es ankommt, haben wir close gesehen (Hände und zukünftige Vase). In der Halbnahen ist der Schwerpunkt unseres Interesses jedoch nicht zu sehen. Wir sehen auch nicht, wie der Sandstrahl aufhört zu pusten. Aber wir können es hören! Und das rettet mich in diesem Fall vor einer größeren Suchaktion wie oben. Ich ziehe den Ton vom Close für genau einen Sandstrahl-»Pft« unter das Halbclose. Wenn Sie möchten, stellen Sie sich auch an dieser Stelle ein leises und diabolisches Kichern des Editors vor.

▲ **Abbildung 4.9**
Audio-Überlappung als Rettung

> **Fehlende Bilder herstellen**
>
> Trotz der sensationellen Entwicklung der Video-Technologie können nur 3D-Spezialisten wirklich Bilder »herzaubern«. Oft reicht aber ein einfacher Trick beim Ton, um fehlende Bilder zu ersetzen.

Auf jeden Fall haben Sie genau gehört, dass der Sandstrahl nun zu Ende ist. Puh!

Und da kommt er dann, der optische Klassiker für jedes handwerkliche Endprodukt: Tisch neutral, Hand stellt Objekt drauf, und nun soll bewundert werden. Die Aktion ist mit dem fertigen Produkt zu einem befriedigenden Ende gekommen.

Trenner durch Schwarzblende

Aber die Story, die hier erzählt wird, legt noch einen drauf. Auch der Flaschenhals soll verwertet werden. Der Einstieg dazu ist die Einstellung, in der Daniela Reiher die Flasche vom Plattenteller nimmt, umdreht und einritzt. Sehr nett, geht aber nicht, weil Frau Reiher noch mit dem unteren Teil der Flasche beschäftigt war. Was bisher als Verbindung funktioniert, sollte ich hier also lieber vermeiden, da ich ja gar nichts verbinden will. Jetzt darf ja sogar ein wenig Zeit verstrichen sein, damit dem Zuschauer der Hauch einer – natürlich nicht zu langen – Pause gegeben wird.

Was nun? Um klar darzustellen, dass es sich um einen neuen Abschnitt im Leben der Glasflasche und in unserem Film handelt, brauchen wir einen **Trenner**.

Vielleicht einen fluffigen Video-Effekt à la »Glas zersplittert« oder »Riss-Defokus« mit abschließendem Grob-Pixeln? Igittigitt, warum sollte es so etwas sein? Es zersplittert nichts, und es wird auch nichts aus unserem Film gerissen.

Wie wäre es dann mit der guten alten **Schwarzblende**, bestehend aus einer Abblende ins Schwarz und einer Aufblende von dort ins nächste Bild? Sie ist ein charmanter Helfer in vielen Lebenslagen des Schnitts, weil sie fast völlig neutral ist.

»Fast« nur deshalb, weil sie auch ein Symbol für Trauer, Abschied, Ende und ähnlich belastete Situationen sein kann. Muss sie aber nicht, und deswegen kommt sie an dieser Stelle rein (irgendeinen Vorteil muss das ja haben, wenn man sich schon so viel Arbeit macht, also darf man sich auch den Effekt selbst aussuchen!). In der erträglichen Länge von 15 Frames wird die Schwarzblende auch nicht so bedeutungsschwanger, dass man sich jetzt Sorgen um die arme blaue Flasche machen muss. Also drauf mit der Blende und siehe! – alles ist gut.

> **Weitere Trenner**
>
> Die Schwarzblende ist aber nur eine mögliche Art, zwei Filmteile zu trennen. Ein paar Beispiele für Trenner werden am Ende dieses Abschnitts ausführlicher besprochen.

Anschlussproblem lösen

Der nächste Teil des Films ist wieder klassischer Anschlussschnitt. Auch hier gibt es natürlich eine Reihe kleiner Probleme, die aber schnell in den Griff zu bekommen sind.

Das Anschlussproblem bei TC 04:20:01 ergibt sich daraus, dass der Flaschenhals nach dem Einritzen umgedreht wird. Da ich aber in der Detaileinstellung war und Frau Reiher nicht ständig bitten wollte, alles zweimal zu machen, wird die Flasche im Originalmaterial umgedreht, während ich fröhlich mit der Kamera durch die Gegend ru-

> **Schnittprobleme mit Video-Effekten lösen**
>
> Die Rettungsleinen des eiligen Cutters sind oft Video-Effekte, die Bilder vergrößern, spiegeln oder einfach von Materialfehlern ablenken.

dere, um in die nächste Einstellung zu kommen – nicht unbedingt ein fesselnder Anblick, das Rudern natürlich.

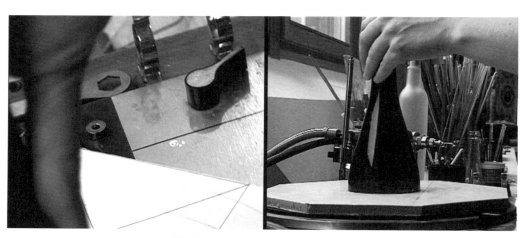

▲ **Abbildung 4.10**
Einstellungswechsel kaschieren

Daher nehme ich hier jetzt als nächstes Bild eine Einstellung, die bereits vorher auf dem Band ist, nämlich wie die Hand von dem Flaschenhals genommen wird. Das passt so einigermaßen (auch wenn es nicht wirklich ein perfekter Anschlussschnitt ist), weil ich die Szene mit dem Ritz in der Bewegung geschnitten habe. Es ist also kein goldener Schnitt, ich werde dafür auch sicherlich keinen Oscar gewinnen, aber diese Methode hilft schnell und in erträglicher Qualität. Dann geht es in bekannter Weise weiter.

Wegsprung

Kleines Detail am Rande: Der Ton bei TC 04:27:03 ist ein wenig vorgezogen und eingeblendet, damit man hört, wie der Brenner zu zischen beginnt. Dann heißt es: Laufen lassen, denn alle wollen ja noch einmal sehen, wie so ein Glas zerspringt, ohne dass gleich einer schimpft. Leider dauert diese Einstellung länger, als mir lieb ist. Bis das Glas springt, ist ja alles noch spannend, aber dann dauert es noch mal etwa acht Sekunden, bis sich wieder etwas tut (die Hand dreht den Brenner weg). Angenehmerweise habe ich in dieser Zeit etwas aufgezogen, so dass ich einen Wegsprung wagen kann:

4.3 Montage von Parallelen

▲ **Abbildung 4.11**
Wegsprung

Der Profi achtet sogar hier noch auf den richtigen Anschluss der Flaschenrotation: Als Anhaltspunkt dient der Ritz, dessen Ende sich jetzt auf der linken Seite der Flasche befindet … ■

Kamerazufahrt simulieren

Auch bei dem nächsten Schnitt fordert das Kameramaterial den gerissenen Cutter: In der Gegend von TC 04:54:11 wird zwar der Flaschenhals vom Drehteller genommen, aber leider nicht ganz aus dem Kamerabild. Ein professioneller Kameramann hätte dies natürlich sofort gemerkt und in mittlerer Geschwindigkeit auf den verbleibenden Glasrest gezoomt. Bin ich nicht und habe ich nicht, also hier auch für mich Abzüge in der B-Note und eine Fleißaufgabe im Schnitt.

Man kann – innerhalb gewisser Grenzen – mit den digital verfügbaren Videoeffekten eine Kamerazufahrt simulieren. In diesem Fall muss das sogar geschehen, damit dieser Flaschenhals endlich aus dem Bild verschwindet, weil er als Nächstes geschliffen wird. Der Schnitt bei TC 04:54:21 darf also nicht so aussehen wie in Abbildung 4.12.

Wie soll der Flaschenhals so schnell (innerhalb von 40 Millisekunden, um genau zu sein) von dem Plattenteller in die Hand von Bettina Schneider und in die Reichweite des Schleifgerätes springen? Eben.

> **Kaschieren per Audio**
>
> Wenn Sie sich das Premiere Pro-Projekt anschauen können, werden Sie sehen, dass ich den Ton verblendet habe. So verbindet auch die Audio-Ebene diese beiden Bilder. Probieren Sie es aus: Löschen Sie die Tonblende – der Unterschied ist erschreckend.

4 Story-Telling

▲ Abbildung 4.12
Schlechter Stil durch unlogischen »Objektsprung«

Überflüssige Teile entfernen
Auch hier kann eine Bildvergrößerung unliebsame Teile aus dem Bild schieben.

Deshalb verwende ich den Effekt »Bewegung« in zweierlei Hinsicht: Das Bild wird auf 160 % vergrößert, und der rechte Bildrand wird durch eine horizontale Bewegung aus dem Bildbereich geschoben. Dann warte ich noch ein paar Frames (dass dabei die Hand – ohne Flasche – ins Bild kommt, ist zwar nicht schön, aber eindeutig das kleinere Übel, da sonst das Bild mit dem Flaschenrest zu kurz steht) und schneide dann erst auf die Zufahrt durch das Regal auf die Schleifarbeit, wie in Abbildung 4.13 zu sehen.

Hier ziehe ich – auch wenn es inhaltlich unlogisch ist – die Atmo der Schleifarbeit etwas vor, um einen einigermaßen erträglichen Tonübergang zu schaffen. Löschen Sie die Audioblende – das ist nicht wirklich gut.

Eine andere Möglichkeit wäre gewesen, die Schleifarbeit diskret unter den (Schneide-)Tisch fallen zu lassen, da wir ja auch schon bei der Vase gesehen haben, wie so etwas aussieht. Dann wird sich der Betrachter der Szene, in welcher der Flaschenhals auf ein Stück Glas geklebt wird, wundern, warum man sich an dem Glas nicht schneiden kann und wieso die Sprengkante so unglaublich gerade geworden ist. Geht also nicht, die Schleiferei kommt rein, und gut ist.

Drehfehler beheben

Nicht ganz so geglückt ist leider der nächste Schnitt: Nachdem Bettina Schneider den Flaschenhals geschliffen hat, kommt aus der neutralen Einstellung mit dem Holz-Glas-Objekt Daniela Reiher von rechts und hat eben diesen Flaschenhals in der Hand.

Na ja, schön ist anders. Eigentlich hätte ich Bettina Schneider die Flasche auf den Tisch stellen lassen sollen, und Daniela Reiher hätte dann weiter machen können, aber Bilder herzaubern kann ich im Schnitt nun auch nicht. Zumindest keine, welche die hohe Auflösung und die Echtzeit der Realität haben.

▲ **Abbildung 4.13**
Besserer Stil: Vergrößerung des linken Bildes

Clip spiegeln

Dafür gibt es dann einen O-Ton von Frau Reiher und ein paar schöne Bilder, wie sie den Flaschenhals auf einem Glasquadrat festklebt. Einzige schnitttechnische Besonderheit hier ist der Clip ab TC 05:30:13. Der ist horizontal gespiegelt, damit die UV-Lampe von rechts gesehen hinter dem Flaschenhals ist. Das muss ich so machen, damit der Anschlussschnitt bei TC 05:36:06 funktioniert, da ist die Lampe nämlich bereits hinter der Flasche. Das sieht man in Abbildung 4.14 und 4.15.

Übersehen Sie schon einmal Details!

Die folgenden Schnitte waren nicht so problematisch, man darf aber offen gestanden auch nicht genauer hinschauen, sonst muss man sich schon wundern, warum z. B. auf einmal die UV-Lampe vom Tisch und aus der Hand verschwunden ist. Ich darf Ihnen ein Geheimnis verraten: Im Schnitt geschehen seltsame Dinge, die an

Wunder grenzen! Allein das Zentrierkreuz, wie es vom Glas verschwindet – ganz mysteriös. Aber wir sind ja unter uns.

▲ **Abbildung 4.14**
Die falsche Position der UV-Lampe zur Flasche ...

▲ **Abbildung 4.15**
... ist durch Spiegeln korrigierbar.

Bitte seien auch Sie bei solchen Details nicht zu pingelig, sonst kann so ein Schnitt ewig dauern. Der Mehrzahl der Zuschauer fallen solche Details nicht auf. Der leidensfähige Rest hat den Lapsus nach drei bis vier guten Schnitten wieder vergessen.

◀ Abbildung 4.16
Der fertige Kerzenständer

Spannung erneuern
Mit entsprechender musikalischer Unterstützung kann man jedem Zuschauer suggerieren, dass an dieser Stelle die Geschichte zu Ende ist. Etwas schwieriger ist es, ihn jetzt noch bei Laune zu halten. Wir haben schließlich noch was im Ofen – die bunte Glasscheibe. Und die wird als Nächstes bearbeitet. Das ist auch gut so, denn nach der Fertigstellung des Kerzenleuchters muss etwas kommen, was den Zuschauer bildlich dabeibleiben lässt. Wir wollen jetzt schließlich keine Gähner hören, nur weil das so spannend avisierte Glasobjekt »nur« ein Kerzenständer ist.

Ein zentrales Objekt der menschlichen Faszination ist **Feuer**. Wir können zwar gerade nicht mit offenem Feuer dienen, aber so einen Brennofen, der bei ca. 930 Grad fröhlich vor sich hin glost, können wir schon mal als Hingucker gelten lassen.

Damit also klar ist, worum es jetzt geht, blende ich als Nächstes auf die Temperaturanzeige. Ja, ich blende. Und: Ich blende sogar wieder raus aus der Temperaturanzeige! Nicht, dass meine Sitten verweichlichen – hier sind Blenden tatsächlich einmal besser als harte Schnitte.

Erstens mögen die Blenden einen Themenwechsel symbolisieren, was ja auch zu der Temperaturanzeige passt, und zum anderen sehen harte Schnitte nicht so gut aus, weil die Temperaturanzeige alleine ist. Es gibt kein unterstützendes Bild, das sich erklärend zu der Temperaturanzeige gesellt. Sie ist sozusagen ganz allein auf der Welt unseres Films! Damit dem Auge aber klar wird, dass es dennoch einen Bezug gibt, blende ich.

4 Story-Telling

Die darauf folgende Einstellung hat es in sich: Daniela Schneider fordert Bettina Schneider mehrmals auf, die Hand aus dem Ofen zu nehmen, weil sie glaubt, dass der Handschuh brennt. Das wirkt schon ein wenig spannend, besonders dann, wenn man vorher sagt, dass man sich dem geöffneten Ofen nur mit Bekleidung aus Baumwolle nähern darf, da Kunstfasern sofort schmelzen würden. Das sollte als Spannungsspitze reichen. Die verschiedenen parallelen Schichten des Glases werden dann mit einem Stahlhaken ineinander gezogen. Da kein Mensch diese Hitze auf Dauer aushält, muss das in mehreren Durchgängen geschehen. Zum Schluss wird die Glasplatte »abgeschreckt«, indem der Ofen so lange geöffnet wird, bis er auf 540 Grad abgekühlt ist. Auch hier blende ich in die Temperaturanzeige ein und wieder aus – in der Hoffnung, dem einen oder anderen Zuschauer andeuten zu können, dass an dieser Stelle recht viel Zeit vergeht.

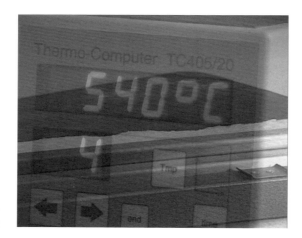

Abbildung 4.17 ▶
Blende als Symbol für vergangene Zeit

Letzte Rettung
Wenn keine der oben genannten Hilfen funktionieren, dann weisen Sie im Off-Text darauf hin, warum Sie keine Bilder haben. Das ist manchmal besser, als ganze Filmteile wegen eines fehlenden Bildes wegzuwerfen.

Fehlende Bilder erklären
Dieser Teil der Schalenherstellung wird durch den O-Ton »Jetzt muss das Kindchen ruhen« abgeschlossen. Da ich leider den Prozess des Schalebiegens nicht filmen konnte (der Kühlprozess dauert zweimal 24 Stunden), muss ich dies auch an dieser Stelle der Geschichte zugeben. Es bleibt also nichts anderes, als nach einer Schwarzblende zu erzählen, dass der Abkühlprozess einen Tage gedauert hat und die Glasplatte dann zwischen zwei hohen Schamottsteinen erhitzt und dadurch zur Schale gebogen wurde, die dann wieder 24 Stunden braucht, um auf Zimmertemperatur abzukühlen. Das Resultat dieses Prozesses hingegen konnte ich sehr wohl wieder drehen, also kommt

die fertige Schale auch noch in den Film. Da jetzt ein respektables Endprodukt abgefeiert wird und mir so langsam die Themen ausgehen, ist es an der Zeit, den kleinen Film zu Ende zu bringen.

4.4 Grafische Montage

Als »krönenden Abschluss« des Films habe ich mir eine Montage-Art ausgesucht, die man normalerweise aus dem künstlerischen Kurzfilm oder dem Fernsehen von Trailern und ähnlichen Produkten kennt: die grafische Montage.

Ungefähr vier Mal im Jahr wechseln die meisten Fernsehsender ihr Outfit in Form der grafischen »Verpackung«, zum Beispiel bei den Werbetrennern. Da gibt es dann lustige Oster-, heiße Sommer-, romantische Herbst- und weihnachtlich-verspielte Winterkampagnen, die den Sender jahreszeitlich korrekt einkleiden und den Zuschauer auf das kommende, zur Jahreszeit passende Programm einstimmen sollen.

Und oft gibt es dann einen Riesen-Trailer, der die Spitzenprodukte des Programmeinkaufs möglichst marketinggerecht dynamisch und zielgruppenrelevant präsentiert werden. Schauen Sie sich einen solchen Trailer mit Genuss und wachem Schnittauge an.

Da geht es nicht um viel Inhalt, sondern um den »Boah!«-Effekt. Und den erreicht man nicht nur durch gutes Story-Telling, sondern auch durch die Auswahl der zu montierenden Bilder nach grafischen Gesichtspunkten. Da werden Bewegung, Farbe, O-Töne und räumliche Aufteilung wichtiger als der filmische Kontext. Hier ist ein Video-Editor in seinem Element, denn Schnitt, Grafik und Musik sind bei der grafischen Montage die wichtigsten Zutaten. Bitte versuchen Sie einmal, Ihren Urlaubsfilm in diesem Stil zu schneiden.

Sie werden folgende Erfahrungen machen:
1. So eine Art der Montage ist unglaublich zeitaufwändig im Vergleich zum Resultat.
2. Die Urlaubserlebnisse sind so nicht erzählbar.
3. Wenn Sie gut sind mit der Kamera, brauchen Sie für 45 Sekunden Film ca. zwei Stunden Rohmaterial.
4. Der Urlaub war wohl sehr kurz.

> **Grafische Montage ist themenabhängig**
>
> Vielleicht also nicht die richtige Montageform für einen schönen Urlaubsfilm. Aber wenn Sie einen Abend in der Hotel-Diskothek gedreht haben, ist es genau das Richtige. Probieren Sie's aus! Dieser Teil Ihres Films wird sicherlich einen seiner Höhepunkte darstellen. Es ist alles drin, was unterhält: Tempo, schöne Bilder, grafisch aktive Bewegungen und Lichter, gute Musik, zappelnde Menschen – und alle sind glücklich.

Am Ende des Films über Gecko Glass zeige ich Ihnen ein kleines Beispiel für eine grafische Montage. Bei TC 08:07:08 geht's los – mit einer Schwarzblende. Somit ist dem geneigten Zuschauer klar: »O.k., jetzt kommt etwas Neues.« Bitte denken Sie daran, dass es mir hier nicht nur um die einzelnen Bilder geht, sondern auch um die Montage der Bilder miteinander und zur Musik.

▲ **Abbildung 4.18**
Ausschnitt aus der grafischen Montage

Dieser Teil ist extrem auf die Musik zugeschnitten und die Musik den Bedürfnissen dieses Schnitts angepasst. Das geht sozusagen Hand in Hand. Im nächsten Abschnitt werde ich die verwendete Methode für den Musikschnitt näher erläutern und in Kapitel 5 die kleinen Tricks und Kniffe, mit denen man Bilder effektvoll aneinander montiert.

4.5 Parallelmontage

Einer meiner Lieblinge, um Spannung und Dynamik zu erzeugen, ist das »Gegeneinanderschneiden« von Prozessen, die sich an einem bestimmten Punkt (gern auch auf recht dramatische Weise) treffen. So richtig schön gemein finde ich den Trick, mehrmals hintereinander parallel zu montieren, immer vorhersehbar zu kumulieren und dann bei der dritten oder vierten Sequenz eine völlig unerwartete Auflösung zu bieten. Danach können Sie mit dem Zuschauer machen, was Sie wollen – er wird Ihrer sein.

4.6 Symbolartige Montage

Natürlich können Sie als Symbol der Pubertät eine sich entfaltende Rose im Zeitraffer drehen. Müssen Sie aber nicht. Eigentlich sind die meisten Symbole im Film abgeschafft, da man ja fast alles ohne Symbolik und Hemmung direkt auf Band und DVD bannen kann. Muss man aber auch nicht.

Besonders in peinlichen Situationen und wenn man die Protagonisten wertschätzt und respektiert, sind Symbole die richtigen Hilfsmittel. Die Montage von Symbolen – also Stellvertretern – für komplexe oder aus anderen Gründen nicht zeigbare Bildinhalte ist aber, wie Sie am Beispiel der pubertierenden Rose sehen, nicht ganz ungefährlich.

Symbole haben eine sehr eigene Anziehungskraft für Pathos und Kitsch. Immer wieder gern genommen wird z. B. der Schwenk ins Kaminfeuer als Symbol für eine Liebesszene. Wie originell! Da wird als Ersatz für »verzehrende Leidenschaft« ein »sich verzehrendes Feuer« daran geschnitten. Einmal gesehen, in Ordnung. Im zweiten Film wissen wir dann, was gemeint ist, im fünften Film langweilt so etwas nur noch.

Hüten Sie sich vor abgenutzten Symbolen. Sie langweilen und/oder wirken trivial. Abgenutzte Symbole könnte man höchstens im ironisch bis zynischen Sinn verwenden, um eine bestimmte Art von Humor zu transportieren. Aber wenn Sie mit der herkömmlichen Darstellung nicht weiter kommen, sind Symbole prima. Sie sollten nur wirklich sehr gut durchdacht sein.

4.7 Montage eines roten Fadens

Beliebig anspruchsvoll kann die Montage eines roten Fadens im Film sein. In unserem Film gibt es nur einen dünnen roten Faden – das Material Glas. Das ist nicht sehr schwer, vorhersehbar, um nicht zu sagen trivial und daher nicht nennenswert.

Einen roten Faden muss man im Allgemeinen planen. Schon beim Dreh muss klar sein, wodurch der roten Faden gebildet und wie er dargestellt wird. Wenn das nicht der Fall ist, wird aus dem roten Faden ein hartes Stück Brot, denn dann werden Sie in den meisten Fällen einfach nicht genug Rohmaterial haben, so dass Sie dieses Leitmotiv abwechslungsreich in den Film schneiden können. Denn eines ist schon seit der Gründung des öffentlich-rechtlichen

Fernsehprogramms verpönt: Wiederholungen. Die will keiner sehen, auch nicht in einem einzigen Film. Vielleicht mit Ausnahme von Trennern.

Sie können also den roten Faden auch als Trenner zwischen den beiden Kindern nehmen. Das erleichtert den Schnitt erheblich, setzt aber halt leider eine gewisse Planung und zum Teil bedeutend höheren Kamera-Einsatz voraus. Aber Sie schaffen das, da bin ich mir sicher!

Wenn Sie sich an die erste Fingerübung mit dem Weg zum Arbeitsplatz erinnern möchten, dort bieten sich zum Beispiel bei Regen als roter Faden Regentropfen an, wie sie auf die Glasscheiben von der Haustür, vom Auto oder der Bahn klatschen. Wie der Regen in Pfützen, auf ein Straßenschild, vom Firmenschild tropft, die Straßenbeleuchtung auf einer regennassen Schulter reflektiert oder einfach Regentropfen auf eine Glasplatte fallen, unter der Sie die Kamera positioniert haben, da ist die Auswahl an Motiven wahrscheinlich beträchtlich größer als Ihre Zeit, das Ganze zu drehen. Aber ich kann Ihnen versichern: **Sie werden auf diese Art sehr schöne Bilder drehen**, die professionell wirken und die Sie genauso professionell schneiden können.

4.8 Der Trenner

Nicht immer kann man mit einem Bild ausreichend erklären, dass der Film nun eben aus Gründen des Spannungsaufbaus oder der Parallelität oder etwa mangelndem Rohmaterial Raum und/oder Zeit überwindet und zu einem anderen Thema springt. Das passende kleine Helferlein ist der Trenner, der sogar als roter Faden oder als Symbol geschnitten werden kann.

Ein Trenner kann aus einem einzigen Bild – zum Beispiel einem Riss oder einem Symbolbild – oder aus einer kleinen Sequenz bestehen. Wichtig ist, dass er als Trenner **klar erkennbar** ist, sonst verwirrt er den armen Zuschauer noch! Dabei sind zum Beispiel auch Verfremdungen wie Farbkorrektur oder Weichzeichner oder grafische Elemente – beispielsweise Rahmen – möglich. Man darf nicht vergessen, dass der Trenner (vielleicht mit Ausnahme der Schwarzblende) ein **künstlich** erzeugtes und auch künstlich wirkendes Element ist ■.

Die Zeit fließt kontinuierlich, und auch der Raum ist in den uns bekannten Dimensionen recht homogen. Ein Trenner macht künst-

---

Kopfkino

Sie drehen Ihre Kinder beim Fahrradfahren. Der rote Faden möge das Klingeln der Fahrradklingel sein. Dann brauchen Sie Bilder aus allen möglichen Perspektiven und Lebenssituationen einer Fahrradklingel, wie sie betätigt wird. Von oben, von unten, von vorn, von hinten, von den Seiten, während der Fahrt auf Sie zu, von Ihnen weg, an Ihnen vorbei, in der Subjektive des Kindes, als Detailaufnahme. Dann allerdings kann es losgehen: Close: Die Klingel wird betätigt. Halbtotale: Das Kind fährt los und aus dem Bild. Über die Schulter: Das Kind fährt eine Kurve (können Sie eigentlich Inline-Skates fahren?) und legt den Daumen an die Klingel. Ransprung auf Klingel von oben: Klingel klingelt. Halbnahe: Anderes Kind fährt los. Klingel von unten. Und so weiter.

Künstliche Trenner

Einen Trenner können Sie auch durch eine grafische Montage gestalten. Dann wirkt er sehr edel.

lich darauf aufmerksam, dass der Film dieses Naturgesetz nun eben völlig außer Acht lässt und den Zuschauer schlagartig in einen anderen Raum oder eine andere Zeit versetzt. Meiner Meinung nach darf er deswegen auch selber künstlich aussehen.

Hier dürfen Sie sich sozusagen ungestraft austoben und Ihre Kreativität nur dem eigenen Geschmack unterwerfen. Seien Sie dabei gerade am Anfang nicht allzu streng mit sich selbst – es gibt nichts Lästigeres als Ideen-Killer.

Aber was immer Sie auch als Trenner verwenden und wie Sie ihn gestalten – wiederholen Sie ihn innerhalb des Films, wenn es geht, sogar mehrmals! So wird dem Zuschauer eher klar, welche Struktur der Film hat und warum an welchen Stellen ein Trenner von Ihnen eingesetzt wird. Und der Trenner kann durch sich selbst sogar einen optischen roten Faden bilden, den der Zuschauer immer wieder erkennt.

Werfen Sie einen Blick in die Datei Trenner.avi. Dort finden Sie neun handelsübliche Versionen eines Trenners bestehend aus maximal einem Zwischenbild.

Der klassische Trenner: harter Übergang

Zunächst die Economy-Variante, deren Entwicklung den verträumten Leser ca. vier Sekunden kostet: Der harter Übergang.

▲ **Abbildung 4.19**
Trenner 1: Harter Übergang von Bild A nach B …

▲ Abbildung 4.20
... und von Bild B nach C

Ich weiß, das ist üppig, aber es bestätigt meine Erfahrung, dass man sich bei manchen Schnitten noch mehr Mühe als für einen harten Schnitt machen sollte.

Trennen durch Ein- und Ausblenden
Schauen Sie sich den Trenner Nummer 2 an: Ein- und ausblenden machen einen Trenner weicher.

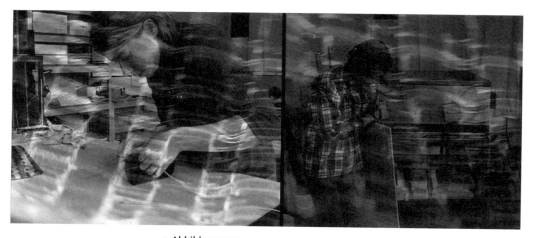

▲ Abbildung 4.21
Ein- und ausblenden

Das ist zwar noch immer nicht der Hammer-Effekt der Woche, aber sichtlich schöner und angenehmer als Version 1.

Trenner mit Effekt

Deutlich verspielter, aber auch nicht wirklich aufwändig ist die folgende Version mit Hilfe eines Effektes, der auf den poetischen Namen »Windrad« hört.

▲ Abbildung 4.22
Trenner 3 mit geschraubtem Wipe rein und wieder raus

Freundlicherweise kann man in Premiere Pro die Anzahl der Einzelteile dieses Effektes verändern, so dass er nicht symmetrisch und somit erschreckend langweilig wird. Außerdem habe ich mir erlaubt, einen feinen weißen Rand an den Effekt zu legen, damit man ihn besser als solchen erkennt.

Zusammenziehen

Trenner Nummer 4 verwendet einen Effekt, der sich zur Mitte zusammenzieht, deshalb nennt Adobe ihn auch so: Den Zusammenziehen-Effekt.

Hier habe ich den Zusammenziehen-Effekt nicht für das Ende des Trenners verwendet, sondern bin mit einer Blende rausgegangen. Das gefällt mir persönlich ganz gut, weil der Trenner so etwas geschmeidiger wirkt. Fragen Sie bloß nicht warum, ich kann es Ihnen auch nicht erklären …

▲ Abbildung 4.23
Mit Kasten rein und mit einer Blende raus

Blende mit Blur

Das ist schon eher die subtile Abteilung. Auf den ersten Blick ist die Blende eigentlich genauso wie beim zweiten Trenner-Beispiel. Aber dann: Anfang und Ende der Schale sind weichgezeichnet (so etwas nennt man auch einen Blur), und auf dem ganzen Trenner-Clip wirkt eine kräftige Farbkorrektur. Wie gesagt, das ist subtil, aber eindeutig besser als die einfache Blende. Mit so einem Trenner ist man schon auf dem richtigen Weg.

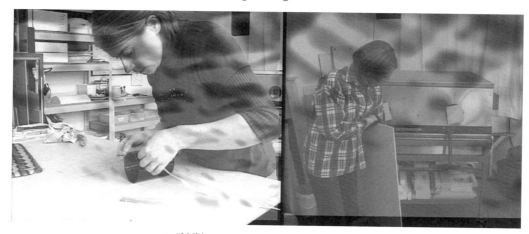

▲ Abbildung 4.24
Trenner 5: Blende auf drehende Schale mit Effekten

Trenner ohne Trennbild, 1

Natürlich möchte ich Ihnen auch ein schlechtes Beispiel nicht vorenthalten. Im Trenner 6 komme ich ganz ohne ein zusätzliches Trennbild aus. Das Bild A wird einfach schlagartig verkleinert und in die rechte Ecke gestellt, während links das Bild B – ebenfalls verkleinert – übergangslos auftaucht.

▲ **Abbildung 4.25**
Eingang von Trenner 6

Nach 24 Frames wird auf das Vollbild von Bild B geschaltet:

▲ **Abbildung 4.26**
Ausgang von Trenner 6

Bitte schauen Sie sich jetzt den Clip an. Haben Sie den Trenner verstanden? Ich nicht. Die Idee, einen Trenner im Stil von »24« zu schneiden, ist zwar ganz nett, aber dieser Trenner funktioniert eindeutig nicht. Das Auge irrt orientierungslos über den Bildschirm, und wenn es meint, das erste Bild verstanden zu haben, ist bereits der B-Roll unterwegs. Woran liegt das?

Trenner ohne Trennbild, 2
Schauen Sie sich den nächsten Trenner an. Da wird Bild A nach links verkleinert in die Ecke gestellt, und Bild B kommt rechts davon gleich mit rein:

▲ Abbildung 4.27
Trenner-Eingang viel besser als bei Trenner 6

Was für ein Unterschied! Unser Auge ist viel eher in der Lage, von links nach rechts zu schauen als umgekehrt. Daher versteht man auch den Übergang vom Vollbild auf dieses Doppelbild viel schneller. Wenn wir hier nach 24 Frames auf das Vollbild von B gehen, weiß jeder, worum es hier geht. Keine Orientierungsschwierigkeiten, kein Verständnisproblem. Wie schön. Und das nur, weil ich die Bilder in der von unserem Gehirn bevorzugten Richtung geschnitten habe.

Diese **Präferenz der linken Seite** ist dem letzten Stand der Wissenschaft zufolge kulturübergreifend und nicht von der Schreibrichtung abhängig, sondern liegt in der Aufgabe unserer rechten Gehirnhälfte, dreidimensionale Positionen zu erfassen. Und diese Hirnhälfte bevorzugt nun mal die linke Seite des Raumes.

4.8 Der Trenner

▲ **Abbildung 4.28**
Auch der Trenner-Ausgang von Nr. 7 sieht logischer aus.

Die Blickrichtung lenken per Trenner

Wenn Sie in Ihrem Film eine echte Bremse ziehen wollen, gestalten Sie den Trenner trotzdem ruhig so wie in Abbildung 4.25. Aber verändern Sie ein wenig den zeitlichen Ablauf. Ich habe da etwas für Sie vorbereitet:

▲ **Abbildung 4.29**
Ein- und Ausgang des Trenners Nr. 8

Zu Beginn des Trenners wird das Bild A auf Schwarz in die rechte Ecke gefahren, bleibt kurz dort allein, dann wird Bild B in der linken Ecke eingeschaltet und dann zum Vollbild gefahren. Damit kann ich leben. Die Blickrichtung des Zuschauers wird durch die Animation der Bilder so gelenkt, dass kein unangenehmer Sprung entsteht. Und trotzdem tritt dieser Trenner voll auf die Bremse, weil die Blickrichtung von Bild A auf Bild B von rechts nach links erfolgt. Wenn das Ihre Absicht ist: Freuen Sie sich wie ein Igel über einen Laubhaufen. Wenn nicht, gestalten Sie den Trenner lieber von links nach rechts.

Bei dem ausgewählten Bild mit dem Glas und der Folie ist die Blickrichtung insofern besonders wichtig, weil ja schon jemand im Bild wohin schaut. Vermutlich weil es sich bewährt hat, folgen wir diesem Blick fast automatisch. Also ist das Hauptaugenmerk des Zuschauers in diesem Fall genau dort zu finden, wo Daniela Reiher selbst hinschaut: auf die Vase, die sie gerade bearbeitet. Zur Verdeutlichung ist im nächsten Bild die Blickrichtung durch einen Weichzeichner verdeutlicht. Dieses Bild kommt so nicht auf der Buch-DVD vor.

Abbildung 4.30 ▶
Blicke bestimmen die Aufmerksamkeit des Zuschauers.

Elegant ist es demnach, wenn Sie während der Skalierung – in diesem Fall der Verkleinerung – die Stelle des Aufmerksamkeitszentrums nicht verschieben, was dann so ausschaut wie bei Trenner Nr. 9:

4.8 Der Trenner

▲ Abbildung 4.31
Der Blickpunkt bleibt an der gleichen Stelle.

Sie haben nun trotz der Verkleinerung des Bildes die Position des Interessenmittelpunktes kaum verändert. Dazu muss aber die Position des gesamten Bildes in der Bildschirmebene sehr wohl verändert werden, nämlich sozusagen um das Aufmerksamkeitszentrum herum.

Wenn Sie das schon beim Dreh so planen und realisieren können, dürfen Sie mit Ihrem Können angeben gehen. Denn das Auge des Betrachters kann bei dieser Technik konzentriert auf dem Bildschwerpunkt bleiben, ohne groß herumzuspringen.

Es gibt ein Beispiel in dem Film »Wenn die Gondeln Trauer tragen«, das ich hier aus lizenzrechtlichen Gründen nicht zeigen kann. Aber wenn Sie die Möglichkeit haben, sich den Film anzuschauen, achten Sie einmal auf die Interessenpunkte vor und nach einem Schnitt. Ganz besonders auffällig ist die Szene, in der das Mädchen mit dem Ball zum See geht.

Nun aber hurtig weiter geschnitten – Sie werden sich aufgrund der Endposition unseres ersten Bildes fragen, wo da nun noch Platz für das zweite Bild ist. Unser Bild A ist so mittig platziert, dass man nur noch ein sehr kleines Bild einfügen könnte. Das sieht dann möglicherweise niedlich aus, ist aber kein ernst zu nehmender Trenner. Was halten Sie davon, unser Bild B einfach einzuschieben, während sich Bild A respektvoll rausschiebt? Schauen Sie einmal:

4 Story-Telling

▲ **Abbildung 4.32**
Das neue Bild schiebt das alte raus.

Und jetzt raten Sie, wo Bild B stehen bleibt. Es wird so positioniert, dass der Interessenmittelpunkt sich nicht wesentlich bewegt, wenn es auf seine volle Größe skaliert wird. Zufälle gibt´s ... Dabei ist diese Konstruktion denkbar einfach. Zunächst lege ich die Bewegung für das Bild A (auf Videospur 1) fest. Damit es nicht so allein ist, bekommt es Gesellschaft in Form eines zweiten Bildes in voller Größe auf eine zweite Videospur in der Timeline, so dass sich die beiden Bilder zeitlich etwas überdecken. Bild A versteckt sich jetzt zwar unter Bild B, das ist aber nicht so schlimm.

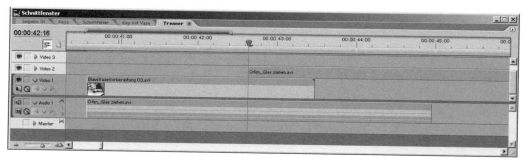

Abbildung 4.33 ▲
Zwei Videospuren für zwei Bilder

Dann setze ich einen Positions- und einen Skalierungs-Keyframe an der Stelle, an der das Bild endgültig 100 % Größe haben soll. Das ist sicher der Fall, nachdem mein A-Bild rechts aus dem Bildschirm geschoben ist. Dann gehe ich so weit zurück auf der Timeline, bis ich meine, die Vergrößerung des Bildes B solle dort beginnen. Hier skaliere ich das Bild auf ungefähr 50 % der Originalgröße und erzeuge an dieser Stelle damit wieder einen Keyframe für die Bildgröße.

Als Nächstes wird für die zeitlich gleiche Stelle des Clips seine Position festgelegt. Dabei kann ein herkömmlicher linker Daumen sehr helfen (bzw. ein rechter Daumen, wenn Sie die Maus links bedienen). Ich fahre mit der Maus wieder nach rechts auf der Timeline, bis das Bild wieder volle Größe hat. Dann markiere ich mit besagtem Daumen die Stelle des Bildschirms, die ich für das Interessenzentrum des Bildes halte. Dann positioniere ich den Cursor der Timeline mit der Maus wieder auf dem vorherigen Keyframe (bei Premiere gibt es da einen sehr hilfreichen kleinen Pfeil nach links im Effektfenster), das Bild fährt währenddessen geflissentlich zu seiner kleinen Größe zusammen, und nun verändere ich die Position des Bildes B mit der Maus derart, dass der Interessenmittelpunkt genau da bleibt, wo mein Daumen hinweist. Was man halt so macht, damit es schön wird …

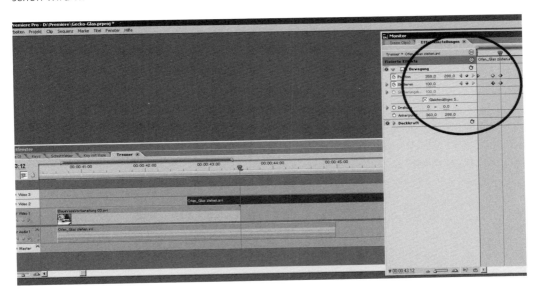

▲ **Abbildung 4.34**
Keyframes für Position und Größe setzen

Jetzt sind also alle Positionen und Größen durch die Keyframes bestimmt, leider ist das Timing noch recht heftig. Bild B schnurrt zügig von links in die Bildmitte, um sich dort sofort breit zu machen. Geben Sie dem interessierten Zuschauerauge noch ein paar Frames der Besinnung, indem Sie den Zeitpunkt, ab dem die Vergrößerung von Bild B beginnt, etwas nach rechts verschieben. Und schon haben Sie einen geschmeidigen Trenner gebastelt, der trotzdem flott über die Timeline geht und zwei Bilder miteinander verbindet, die sonst nun wirklich nicht hintereinander gepasst hätten.

Tontrenner
In der Abteilung für aufwändigere Trenner finden Sie neben selbst gebastelten Keys, bewegten Schlagwörtern und allen nur erdenklichen Video-Effekten auch den **Sound-Effekt**. Damit ist jetzt nicht die Abteilung schicker Plug-Ins gemeint, die einen Ton bis zur Unkenntlichkeit verändern können, sondern ein Schallereignis, das für sich einen Effekt darstellt, der den Schnitt (oder Ihre Intention, geschickterweise sogar beides) akustisch unterstützt. Wenn sich dieser Effekt durch die obigen Plug-Ins verstärken lässt, fühlen Sie sich frei in Ihrer Verwendung.

An sich ist es nicht schwer, einen Sound-Effekt als Unterstützung des Trenners einzusetzen. Er muss halt nur sowohl zum Trenner als auch zum Film passen! Im Allgemeinen sucht man im Rohmaterial des Filmes nach einem passenden Geräusch, aber wenn da nichts ist, muss man Geräusche aus Effektarchiven bemühen oder die Geräusche selber machen. Letzteres macht übrigens sensationellen Spaß, und ich kann es nur jedem empfehlen, Toneffekte einmal selbst herzustellen.

Wer nicht über eine entsprechende Audio-Ausstattung mit Mikrofon und Aufnahmegerät verfügt, kann auch prima mit der Kamera arbeiten, da ist ja ein Mikro dran. Zuvor sollten Sie so ungefähr wissen, welchen Ton Sie suchen. Ist Ihre Sound-Quelle wiederholbar, experimentieren Sie ein wenig mit der Distanz zur Kamera, manchmal ist der Raumklang sehr entscheidend für die Qualität und Verwendbarkeit des Tons. Digitalisieren Sie auf jeden Fall das Bild mit ein, auch wenn Sie es nachher nicht brauchen – der Ton lässt sich so viel leichter identifizieren und von anderen unterscheiden.

Nach Ihrem ersten selbst gemachten Sound-Effekt werden Sie einen kollateralen Effekt an sich selbst bemerken: Sie hören anders. Wer mit offenen Ohren durch die Welt geht, sieht mehr. Er sieht mehr Chancen für gute Ton-Effekte, mehr Quellen für schöne und spannende Geräusche, mehr lustige, bedrohliche und beruhigende Töne. Eines meiner Lieblingsgeräusche zum Beispiel erzeugt ein Daumennagel entlang den Sprossen des Geländers eines hohen Treppenhauses ... Offen gestanden habe ich keine Ahnung, wofür ich dieses Geräusch gebrauchen könnte, aber ich bin mir sicher, dass ich es irgendwann einmal in einem Film benutzen werde.

4.9 Musik gescheit geschnitten

Die Verwendung und Bearbeitung von Musik im Schnitt liegt mir mächtig am Herzen. Gerne wird Musik unterbewertet und ihr punktgenauer Einsatz als lästiges Übel angesehen. Musikauswahl und -schnitt kosten Zeit und sind für viele Menschen bei weitem nicht so beeindruckend wie der Bildschnitt. Aber was mit Tönen – Musik, Geräuschen und Toneffekten – viel besser transportiert werden kann als mit Bildern, ist nicht ganz so unwichtig: Emotionen.

Da die meisten non-linearen Editing-Systeme mittlerweile auch den Lautstärkegehalt einzelner Samples der Wave-Dateien grafisch abbilden können, ist hier weniger musikalisches Verständnis und ein gutes Gehör gefragt als eher eine ungefähre Vorstellung, was man machen will, und die Erkenntnis, was diese lustigen Striche in den Audiospuren sein sollen: eben solche Lautstärkespitzen.

Musik auf Länge schneiden

Zunächst schneide ich die Musik auf die gewünschte Länge. Da ich keine einzuhaltenden Sendezeiten habe (puh!), ist mir dabei die genaue Länge recht gleich, eine ungefähre Vorgabe genügt völlig ■.

Ich höre mir den Anfang des Musikstückes an. Wenn er funktioniert, wird er auch gleich reingeschnitten. Wenn nicht, suche ich nach einer anderen Stelle, mit der ich beginnen kann.

Nach einiger Zeit muss die Musik für Abwechslung oder eine Steigerung sorgen, auch dafür suche ich mir ein oder mehrere Teile – entweder aus dem gleichen oder aus anderen Titeln. In unserem Beispiel gibt es so eine verwendbare Steigerung, die genügend Abwechslung bietet. Leider ziert sich das Stück an dieser Stelle bezüglich des entspannten Umschnitts ein wenig. Probieren Sie es aus, und spielen Sie ein wenig mit der Musik herum – Sie werden wissen, was ich meine.

Um einen sicher nicht ganz perfekten, aber erträglichen Übergang zwischen den beiden Teilen zu schaffen, muss ich nach dem ersten Viertel des Taktes schneiden anstatt genau auf dem ersten Schlag. Um die dafür korrekte Stelle zu finden, lege ich die beiden zu verbindenden Teile so übereinander, dass ihr Takt übereinstimmt, d.h., die Schläge der Perkussionsinstrumente stimmen **nach** der kritischen Stelle überein.

Wenn man den ersten Taktschlag mit einem kleinen Kästchen markieren würde, sähe das in der Timeline dann so aus:

> **Musiktitel**
>
> Die Musik zu den hier besprochenen Schnitten finden Sie in der Datei Gecko Glass.avi ab TC 08:07:08. Die entsprechenden Audio-Dateien heißen Titel 18.wav und Titel 19.wav.

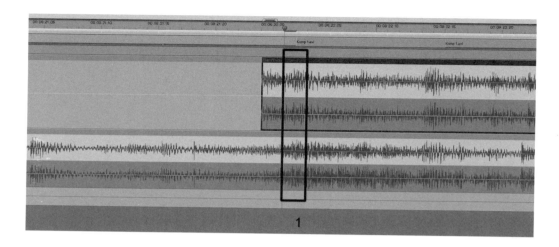

Abbildung 4.35 ▲
Die Audiospuren werden taktrichtig übereinander gelegt.

Leider klingt das in diesem Fall immer noch wie Kraut und Rüben, daher trimme ich den Anfang von Audiospur 2 und das Ende von Audiospur 3 derart, dass nur noch eine kurze Überlappungszeit vorhanden ist. Und selbst die verringere ich noch durch eine Abblende von Spur 3. Das war's. Hier das Resultat in der Timeline:

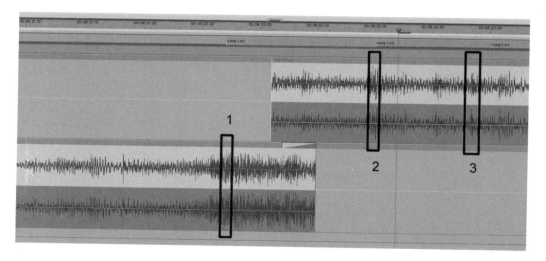

Abbildung 4.36 ▲
Audioschnitt der musikalischen Steigerung

Dann geht es bereits an die Konstruktion des Musikendes. Das lege ich mir so, dass das Ende auch wirklich im Bereich der geplanten Länge liegt. Schieben geht natürlich immer noch. Als Anhaltspunkt für einen möglichen Schnitt ist sicherlich immer ein lautes Ereignis

4.9 Musik gescheit geschnitten

im Stück, wie es Schlagzeuge und Perkussionsinstrumente abgeben. Damit kann man einen Tonschnitt sehr schön kaschieren.

So wirklich wichtig ist außerdem, dass das auf den Schnitt folgende Tonmaterial den Schlag des vorhergehenden aufnimmt. Das muss nicht bedeuten, dass die beiden Musikteile das gleiche Tempo haben, dies macht den Schnitt höchstens leichter.

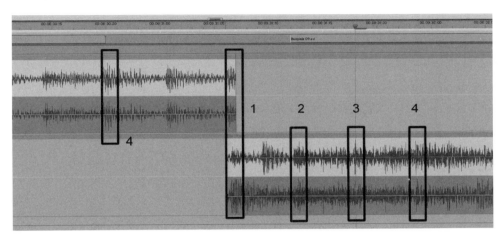

▲ Abbildung 4.37
Audioschnitt des Musikendes, die Zahlen benennen die Taktviertel.

Zum guten Schluss schaut meine Timeline an dieser Stelle dann so aus:

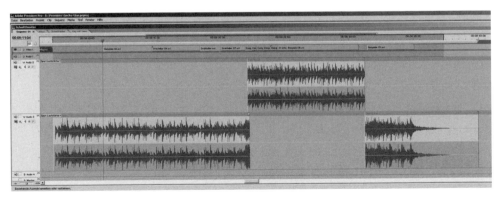

▲ Abbildung 4.38
Der komplette Audioschnitt der grafischen Montage

Am Anfang steht der Anfang des Stückes – ich erwähne das, weil dies nicht selbstverständlich ist! – gefolgt von dem gesteigerten Mittelteil und dem angehängten Ende des Musikstückes.

Zwei solche Schnitte können in einer Minute passieren oder eine Stunde brauchen. Das ist je nach Musik völlig verschieden. Überraschenderweise ist eine der sehr leicht zu montierenden Musikgattungen die klassische Musik. Was man mit den bekannten orchestralen Konzerten so alles anstellen kann, dürfte bei einer entsprechenden Veröffentlichung für rotationsförmige Erdhügel auf verschiedenen Künstlerfriedhöfen sorgen ...

> **Fingerübung zur Musik**
>
> Schneiden Sie aus dem Musikmaterial (Titel18.wav, Titel18a.wav) ein 20 Sekunden langes Musikbett. Bitte seien Sie mir nicht böse, wenn das etwas länger dauert. Musikschnitt muss man üben, um ein Gefühl dafür zu entwickeln. Natürlich ist es hilfreich für Sie, wenn Sie ein Instrument spielen, aber es ist eindeutig keine Voraussetzung. Sie sollten aber in der Lage sein, den Takt eines Stückes mitzuschlagen. Sonst üben Sie erst mal das – im Ernst!

4.10 Informationen bekömmlich verpacken

Wenn Sie in Ihrem Film Informationen vermitteln möchten, gibt es mehrere Wege, die alle ihre Vor- und Nachteile haben.

▶ Der **O-Ton**: setzt leider gute O-Ton-Geber voraus, und die sind selten. Dann aber wirken sie authentisch und unterstreichen den Wahrheitsgehalt des Films.

▶ Die **Geschichte** selbst: funktioniert bei einfachen Sachverhalten prima, versagt aber prinzipiell völlig bei Informationen aus dem theoretischen Bereich und bei schlichtweg nicht zu filmenden (weil zu kleinen, zu großen oder zu weit entfernten) Dingen. Man muss ja auch nicht alles bebildern: Wenn Sie vom Stein des Anstoßes im Off sprechen, erwartet niemand einen Schnitt auf einen großen und mächtig anstößigen Stein ...

▶ Die **Grafik**: kann ganz schnell künstlich und dadurch unangenehm wirken. Man sollte für Info-Grafiken ein wenig Übung haben. Dann aber informieren sie sicherlich schnell und unterhaltsam.

▶ Die **Effekte**: sind gute Hilfsmittel bei unübersichtlichen Bildern. Wenn Sie z. B. eine Person auf einem Gruppenfoto besonders hervorheben möchten, ist ein fröhlich gefärbter Kreisring um die Person ein klarer Hinweis, um wen es überhaupt geht.

▶ Der **Off-Text**: wird im optimalen Fall von einem guten Sprecher gesprochen. Riesenvorteil gegenüber den O-Tönen ist die Planbarkeit des Textes, man kann Sätze eigentlich immer so lange durchmangeln, bis sie auf das Bild passen. Gefahren sehe ich höchstens bei der Möglichkeit des Gescheithaferl-Effektes, wenn von einer bekannten Off-Stimme (ja, Ihre zum Beispiel) Informationen vermittelt werden, die diese selber eigentlich nicht haben kann. Dann funktioniert der O-Ton besser.

4.11 Off-Texte erstellen: das Wort aus dem Off

Zu dem nachfolgenden Textbeispiel möchte ich noch anmerken, dass ich kein ausgebildeter Redakteur bin. Vermutlich würde mir jeder Chef vom Dienst den Text genauso um die Ohren hauen wie die Reihenfolge der Filmelemente (die grafische Montage müsste zum Beispiel an den Anfang), aber den Ansprüchen eines kleinen privaten oder firmeninternen Films sollte er genügen.

Geheimnisumwittert sind sie ja schon. Nur wenige Menschen, deren Stimmen jeden Tag auf allen TV-Kanälen unser Land unterhalten, sieht man auch im On. Genauso wichtig wie die Stimme, die richtige Betonung und die richtige Aussprache ist aber sicher auch der Text.

Konzept für den Text
Zunächst möchte ich ohne eine genaue Ausformulierung festlegen, was die Off-Stimme im Film sagen soll.

Schauen Sie sich den Film (Gecko Glass.avi) noch einmal an. In den ersten vier, fünf Sekunden gibt es nichts zu sagen, sonst fällt der Zuschauer vor Schreck vom Stuhl. Die Bilder sollen für sich wirken, der Film hat keinen Moderator, der in das Thema eingeführt und den Zuschauer vorbereitet hat. Also: Film frei stehen lassen.

Bis hierhin war das Texten nicht so schwer. Dann geht's aber auch schon los. Nach sechs Sekunden Film kommt die Blende in die blaue Vase, jetzt muss man schon langsam erklären, was das Ganze soll – wir haben ja keinen Titel.

Was sehen wir denn? Glasvasen. Aha. Im Film geht es aber vordergründig nicht um Vasen, sondern um die Verwendung des Materials. Also ist mein erstes Wort hier »Glas«. Das ist nicht wirklich originell, aber wir machen ja jetzt auch nicht bei einem Ideenwettbewerb mit, sondern sind froh, wenn das Grundgerüst des Textes steht. Also kann man weiter erzählen, dass Glas ein sehr abwechslungsreicher Rohstoff ist, was Färbung, Qualität und Formbarkeit betrifft. Dazu haben wir zehn Sekunden Zeit, was entweder bedeutet, wir müssen

> **Texten in zwei Schritten**
> Texten wird viel einfacher, wenn Sie zuerst ein grobes Konzept erstellen und dann auf die Bilder texten.

uns den Wolf texten, oder man lässt die Bilder noch ein wenig wirken und gestaltet den Text denkbar sparsam. Die Entscheidung fällt nicht wirklich schwer. Der Einsatz des Basses in der Musik mit dem Umschnitt auf den Brenner sollte sicher frei stehen, also kann es erst danach weitergehen.

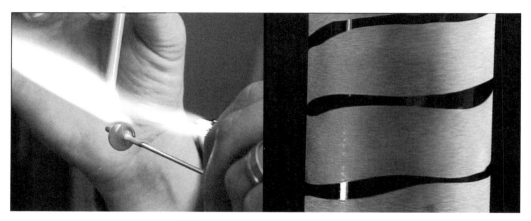

▲ **Abbildung 4.39**
Haben Sie bereits verstanden, worum es geht?

Nach diesem Umschnitt kann man weiter erzählen, dass neben der reinen handwerklichen Fähigkeit, Glas zu bearbeiten, eine gehörige Portion Verständnis für chemisch-physikalische Beziehungen notwendig ist.

Da wir hier bereits Bettina Schneider im Bild sehen, ist es wohl angebracht, sie zu nennen und zu erklären, dass sie als Glasmeisterin über dieses Wissen verfügt und bei der künstlerischen Gestaltung von Gebrauchsglas einsetzt. Schwups, sind wir nach einer halben Minute schon im ersten O-Ton von Bettina Schneider. Achten Sie sowohl bei ihr als auch bei Daniela Reiher später auf die Art zu sprechen: kein Äh, kein Stottern, keine leeren Worthülsen – juppiduu, diese Protagonisten können auch hervorragend O-Töne geben!

Der O-Ton geht bis TC 00:48:17, da ist eine Lücke für den Off-Text gelassen. Hier muss man nun erklären, dass der Glasstab erhitzt wird, um das Glas zähflüssig zu machen. Es darf aber nicht zu flüssig sein, sonst würde es nicht auf dem Metallstab haften bleiben. Bei TC 00:53:23 kommt schon der nächste O-Ton, der die Bewegung des Glases im Feuer erklärt. Zwischen den beiden O-Tönen kann man also keine Gute-Nacht-Geschichte erzählen. Muss man aber auch nicht.

In der Bildstrecke zwischen TC 01:06:19 und TC 01:24:24 empfinde ich viel Text als fehl am Platz, weil Bilder und Musik schön miteinander harmonisieren. Vielleicht sollte man erzählen, dass das weiche Glas um den Metallstab gewickelt wird, so dass sich ein Ring aus Glas um ihn herum bildet. Dann freuen wir uns über den nächsten O-Ton bei TC 01:24:24, der bis TC 01:41:12 geht.

Dann wird auf die bunte Glasschale geschnitten Wie schon beim Schnitt überlegt, geht es hier textlich weiter mit: »Währenddessen programmiert Daniela Reiher den Ofen, um die Glasplatte bearbeiten zu können. Dafür braucht es eine Temperatur von ungefähr 930 Grad.«

Nach ein paar Ofenbildern springen wir zu Bettina Schneider und der fertigen Perle zurück. Da ist die Anordnung mit dem Sandtopf auf der kleinen Herdplatte erklärungsbedürftig. Der Sand ist zwar erwärmt, aber immer noch kälter als die heiße Glasperle. So sorgt er also für eine langsamere Kühlung.

Bei TC 02:16:15 sollten wir erklären, dass nun eine Glasflasche eingeritzt wird, um sie von ihrem Hals zu trennen. Nach dem O-Ton sind die Bilder eigentlich aussagekräftig genug, um nichts sagen zu müssen. Wie schön! Erst bei TC 02:57:14 zeigt uns Bettina Schneider, wo die Geschichte hingehen soll: in die Vasenherstellung. Das würde ich auch so lassen. Eine frühere Aufklärung ist nicht wirklich nötig, da wir unserem Konzept treu bleiben wollen. Nach dem Umschnitt auf die Schleifarbeit sollten einige wenige Worte genügen, um zu erklären, was dort gemacht wird.

Ab TC 03:34:11 bzw. 03:36:16 ist wieder Sprachtalent zu beweisen – warum Daniela Reiher das blaue Glas nun mit gelber Folie verziert, ist nicht wirklich sofort ersichtlich. Dann kann aber der O-Ton ab TC 03:46:00 die erlösende Antwort geben: Sandstrahlen. Die nächsten Bilder beweisen, dass wir nicht gelogen haben.

Ab TC 04:07:00 ist die fertige Vase zu sehen, das muss natürlich ein wenig kommentiert werden. Dieser Kommentar sollte aber die Möglichkeit zur Überleitung zur nächsten Aktion bilden: der Verwendung des übrig gebliebenen Flaschenhalses. Auch hier würde ich noch nicht unbedingt gleich erzählen, was Daniela Reiher und Bettina Schneider aus dem Flaschenhals machen. Vielleicht kann man den Text mit ein paar charmanten Details über den UV-Kleber oder das Markierungskreuz spannender gestalten. Spätestens bei TC 05:55:18 jedoch wird das Geheimnis gelüftet.

Ab ca. TC 06:04:00 geht die Aktion mit dem bunten Glas weiter, daran sollte man den Zuseher noch kurz erinnern und dann erklären, dass die Farben des Glases nun mit dem Metallstab ineinander gezogen werden. Dann sollte die Schockkühlung auf 540 Grad erklärt werden und dass der Prozess nun inklusive des Biegens zwei Tage dauert. Außerdem könnte man noch beichten, dass man keine zwei Drehtage Zeit hatte und somit nur das fertige Produkt gefilmt hat – wir sind ja nicht beim Fernsehen.

Zu guter Letzt sollte man noch ein paar abschließende Worte zu den fertigen Werken finden, denn unter die grafische Montage kann man eigentlich keinen Off-Text legen. Also lassen wir den Rest des Filmes einfach so stehen und wirken. Das war´s!

Text ausformulieren
Jetzt geht es eigentlich nur noch um das Ausformulieren der obigen Struktur. Wenn Sie möchten, können Sie gerne einen eigenen Text unter den Film legen. Damit das auch technisch problemlos funktioniert, finden Sie eine WAV-Datei auf der DVD, die den seltsamen Titel »Gecko-Glas-IT.wav« trägt. Der Zusatz »IT« ist eine Abkürzung für »internationaler Ton«. Ein IT besteht aus einem Mix der Musik und der Atmo-Spur. Wenn die Originalsprache noch zu hören sein soll, gehören zur IT-Version des Tons auch noch die O-Töne. Andernfalls – wie zum Beispiel beim Kinofilm – werden die O-Töne oder Dialoge weggelassen, da sie in der jeweiligen Landessprache synchronisiert werden und somit im Film stören würden.

Das fände ich dann doch etwas üppig für dieses Projekt, daher lasse ich auch die O-Töne in der IT. So können Sie Ihren eigenen Text mit der IT mischen und unter die Bilder setzen. Viel Spaß!

Anhand dieses Textgerüstes gebe ich Ihnen nun einmal ein Beispiel für einen ausformulierten Text. Bitte nehmen Sie die Timecode-Angaben nicht frame-genau.

Tabelle 4.1 ▶
Der ausformulierte Text für unseren Film

Timecode	Text
TC 00:07:00:	Glas. Ein Rohstoff, wie er vielfältiger kaum sein könnte. Kaum eine Form und keine Farbe, die es nicht annehmen kann.
TC 00:18:00	Um Glas bearbeiten zu können, reichen handwerkliche Fähigkeiten nicht aus. Die chemikalischen und physikalischen Kenntnisse hat sich Bettina Schneider in ihrer Ausbildung zur Glasmeisterin angeeignet.

◀ **Tabelle 4.1**
Der ausformulierte Text für unseren Film (Forts.)

Timecode	Text
TC 00:29:00	O-Ton Bettina Schneider
TC 00:49:00	In der Flamme wird ein Glasstab so erhitzt, dass er am Ende zähflüssig wird.
TC 00:54:00	O-Ton Bettina Schneider
TC 01:07:00	Das Glas ist jetzt so weich, dass es um den Metallstab gewickelt werden kann. So entsteht um ihn herum ein Ring aus Glas.
TC 01:17:00	Die Brille von Bettina Schneider schützt ihre Augen vor schädlicher UV-Strahlung, während sie die Glasperle immer mehr in Form bringt.
TC 01:24:00	O-Ton Bettina Schneider
TC 01:42:00	Um diese Glasplatte bearbeiten zu können, programmiert Daniela Reiher währenddessen den Brennofen. Die verschiedenen Glasschichten sollen ineinander gezogen werden. Dazu müssen sie eine Temperatur von 930 Grad haben.
	Während der Ofen aufheizt, ist Bettina Schneider mit der Glasperle fast fertig. Auf der Stahlplatte bekommt sie ihre endgültige Form, dann muss sie langsam abgekühlt werden. Dazu wird die Perle in einen angewärmten Sandtopf gegeben, der zwar viel wärmer als die Luft, aber kälter als die Glasperle ist. So kühlt sie ab, ohne zu springen.
TC 02:17:00	Daniela Reiher ritzt währenddessen eine Glasflasche an, um deren Hals abzusprengen.
TC 02:22:00	O-Ton Bettina Schneider
TC 02:41:00	Steht frei
TC 02:58:00	Passend zur Glasform und -farbe wählen die Glaskünstlerinnen verschiedene Muster aus, mit denen sie ihre Gläser und Vasen verzieren. Doch noch ist der Rand unserer Vase rasiermesserscharf. An der Bandschleifmaschine begradigt Daniela Reiher die Bruchkante und schleift sie rund, damit keine Verletzungen entstehen können. Die Reibungshitze zwischen Schleifband und Glas könnte es dabei zerspringen lassen, daher wird das Schleifband mit einer speziellen Flüssigkeit gekühlt.
TC 03:36:00	Nach dem Trocknen klebt Daniela Reiher eine Folie auf das Glas. Die Form hat sie mit einem Teppichmesser hergestellt. Kleine störende Folienreste werden entfernt.

Tabelle 4.1 ▶
Der ausformulierte Text für unseren Film (Forts.)

Timecode	Text
TC 03:46:00	O-Ton
TC 03:55:00	Jetzt kann das Glas unter den Sandstrahl gehalten werden. Gleichmäßig wird so die glänzende Oberfläche fast überall mattiert – bis auf die Stellen, die von der Folie geschützt sind.
TC 04:05:00	Und so sieht sie dann aus, die fertige Vase. Hergestellt aus einer leeren Prosecco-Flasche. Aber auch der Flaschenhals wird noch verwertet. Er wird auf die gleiche Weise wie das Unterteil gekürzt: Eine Unterbrechung der Oberflächenspannung und der Einsatz zielgenauer Hitze sprengen das Glas fast gerade ab.
TC 04:22:00	Steht frei
TC 04:55:00	Auch der Flaschenhals wird nun mit der Schleifmaschine bearbeitet.
TC 05:07:00	O-Ton Daniela Reiher
TC 05:15:00	Auf einem quadratischen Glasstück ist ein Kreuz aufgemalt, damit der Flaschenhals mittig positioniert werden kann. Der verwendete Klebstoff ist unsichtbar. Daniela Reiher verteilt den Kleber vorsichtig um den Rand des Flaschenhalses. Unter der Strahlung einer UV-Lampe härtet der Klebstoff aus.
TC 05:46:00	Überschüssiger Klebstoff wird schnell mit einem Wattestäbchen entfernt.
TC 05:56:00	Jetzt erst ist zu erkennen, welche Funktion der ehemalige Flaschenhals nun haben soll – aus einer Flasche sind auf diese Weise eine Vase und ein Kerzenständer entstanden.
TC 06:06:00	Der Brennofen hat nun die nötige Temperatur. Eine Platte schützt Daniela Reiher vor der Hitze, während Bettina Schneider einen speziellen Handschuh trägt, um mit einem angewinkelten Eisenstab die Farbschichten der glühenden Glasplatte ineinander zu ziehen
TC 06:22:00	O-Ton Daniela Reiher
TC 06:30:00	Lange hält aber auch dieser Handschuh die Hitze nicht aus. Daher müssen immer wieder Pausen eingelegt werden. Währenddessen kann der Ofen die verlorene Hitze wieder aufholen.

Timecode	Text
TC 06:43:00	Noch einmal muss Bettina Schneider die Glasplatte bearbeiten, damit ein wirklich gleichmäßiges Muster entsteht. Die Stahlstange hinterlässt zwar Rillen im Glas, aber durch seine Zähflüssigkeit gleicht das Glas diese in wenigen Minuten wieder aus. Die Hitze, die aus dem Ofen kommt, ist so hoch, dass künstliche Bekleidungsstoffe schmelzen würden. Nur Baumwolle ist in der Lage, die Glut zumindest für kurze Zeit auszuhalten. Der Handschuh schützt zwar die Hand vor der Hitze, beginnt aber schließlich selbst zu rauchen.
TC 07:14:00	Damit die verschiedenen Farbschichten jetzt nicht wieder ineinander fließen, muss die Glasplatte nun schockgekühlt werden. Der Ofen wird so lange geöffnet, bis seine Innenraumtemperatur auf eiskalte 540 Grad gesunken ist – immerhin fast 400 Grad weniger als nur wenige Augenblicke zuvor. Das Glas erstarrt nun. Der Temperaturunterschied zwischen Glas und Raumluft ist jedoch so hoch, dass die Glasplatte zerspringen würde. Daher wird die Ofentemperatur sehr langsam auf 22 Grad gesenkt. Erst nach 24 Stunden kann er wieder geöffnet werden.
TC 07:45:00	Steht frei
TC 07:49:00	Auch das Biegen der Glasplatte dauert über einen Tag. So wird aus einer Platte eine handgefertigte Glasschale. Ein schlichtes Stück Eiche dient als Ständer. Das passt zu dem Prinzip von Gecko Glass: aus dem Respekt vor der Natur und dem Material entstehen Kunstobjekte, die man wirklich gebrauchen kann.
TC 08:07:00	Rest steht frei

◄ **Tabelle 4.1**
Der ausformulierte Text für unseren Film (Forts.)

4.12 Spannen Sie den Bogen

Den Begriff »Spannungsbogen« habe ich schon so oft in recht unterschiedlicher Besetzung gehört, dass man meinen könnte, es handle sich um dabei um einen Allgemeinbegriff wie »Auto«, und obwohl viele die Funktionsweise dessen Scheibenwischerelektronik nicht wirklich erklären können, sind sie doch in der glücklichen Lage, eine solche sehr erfolgreich einzusetzen.

Der Spannungsbogen ist da irgendwie anders. Meist wird seine Nennung zwar von einer vagen Armbewegung begleitet, die eben einem Scheibenwischer ähnelt, aber das war es dann auch oft mit der genauen Fachkenntnis. Damit Ihnen das nicht passiert, hier ein kleines Beispiel:

Kopfkino Kurzfilm A: Seitliche Einstellung: Fahrradfahrer kommt von rechts ins Bild, Kamera schwenkt mit. Umschnitt auf einen Kanalarbeiter, der gerade einen Kanaldeckel öffnet. Umschnitt auf den Fahrradfahrer von schräg unten vorne, wie er sich den Schweiß aus der Haut strampelt. Umschnitt auf den Arbeiter, dem gerade eine Pylone in den Kanal fällt. Schnitt über die Schulter des Fahrradfahrers, wie er in die Straße des Kanalarbeiters einbiegt. Der Zuschauer sieht also von oben den Kopf des Fahrers noch im Anschnitt und schon die drohende Lücke in der Fahrbahn. Schnitt auf die vor Schweiß tränenden Augen des Radlers. Es ist offensichtlich, dass der Fahrradfahrer nichts sieht, weil ihm der Schweiß in die Augen gelaufen ist. Immer noch in der Über-Schulter-Einstellung sieht man, dass in dem Moment, wo das Vorderrad gerade in den Kanal fallen soll, der Helm des Kanalarbeiters herausschaut, der Fahrradfahrer fährt über dessen Kopf hinweg – hier gerne ein Umschnitt auf die (oder einer Wiederholung von der) Seite – und macht dann eine Vollbremsung. Der Arbeiter klettert raus, beide staunen und gehen ein Bier trinken. Dann erzählt der Fahrradfahrer eine halbe Stunde, wie es dazu gekommen ist, dass er gerade in diesem Moment Fahrrad fahren wollte, und der Kanalarbeiter beschreibt während der darauf folgenden 20 Minuten, wie er sich über den Job zunächst geärgert hat, dann doch in den Kanal gestiegen ist und dann auch noch überfahren wurde.

Kopfkino Kurzfilm B: Identischer Film bis zu der Über-Schulter-Einstellung. Dann wird in Rückblenden die Geschichte des Fahrradfahrers und des Arbeiters parallel beschrieben, und dann erst kommt die Nummer mit dem Helm, alles geht gut aus, Abblende auf dem Bier, Abspann.

Vielleicht sind Sie anderer Meinung, aber ich wage ganz spontan zu behaupten, dass die Version B die spannendere ist, weil sich die Spannung über einen größeren Zeitraum – nämlich durch die längere Zeit zwischen den Informationen »gleich passiert etwas« und »jetzt passiert es wirklich« – aufbaut und dadurch deutlich höher ist. Grafisch kann man das so vergleichen:

Im Film A ist spätestens nach zwei Dritteln der Filmzeit dezentes Drei-Finger-Wedeln in Mundhöhe angesagt, im Film B ist man bis zuletzt gespannt, ob das nun gut geht.

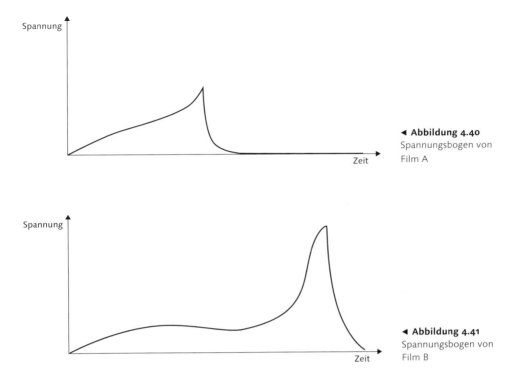

◀ **Abbildung 4.40**
Spannungsbogen von
Film A

◀ **Abbildung 4.41**
Spannungsbogen von
Film B

Spannungsbogen aufbauen

Die einfachste Art, einen Spannungsbogen aufzubauen, ist, den Höhepunkt ziemlich am Schluss kommen zu lassen. Das bellt jeder Hund aus seiner Hütte, aber wenn man sich die Filme vieler Eltern über ihre Sprösslinge anschaut, verstehen die meisten dieses Bellen nicht. Da wird sorglos nach Abfolge montiert und gern das Highlight mitten im Film gebracht, ohne zumindest eine Schlusspointe aufzuheben.

Schauen Sie sich die professionellen Spannungsbogenbauer aus Hollywood an, die fahren mit Ihnen Achterbahn! Revanchieren Sie sich: Machen Sie es denen nach.

Kopfkino Kurzfilm C: Nach der Blende ins Bier von Film B knallt die Kneipentür ins Schloss, die Kamera wird herumgerissen und zeigt einen maskierten Mann, der eine gefährlich aussehende Pistole in der Hand hält. Seine unfreundlichen Absichten unterstützt ein Schnitt über dessen Schulter, der verdeutlicht, dass der Maskierte die Wertsachen der Gäste, den Bargeldbestand und sogar die geliebte Bierdeckelsammlung des Wirtes raubt. Nach einem schrecklich hektischen Abgang (der Maskierte stößt einen Stuhl um, eine Frau – immer wichtig – schreit, die Pistole zuckt und fegt ein Glas vom Tisch, die Frau zeigt noch einmal, wie schön sie schreien kann) sieht man, wie sich der böse Bube draußen auch noch das Fahrrad unseres Radlers schnappt und aufgeregt davonradelt. Umschnitt auf eine untersichtige Kamera von hinten: Der Räuber dreht sich immer wieder um, fährt fast aus der Bildschärfe raus, bis ein ordentlicher Schlag auf das Vorderrad mit daraus resultierendem Salto über den Lenker den Räuber bremst. Kamera von oben: Schurke, daneben das Fahrrad mit völlig verbogener Felge, davor offener Kanal nebst vergessenem Deckel, ein einzelner Bierdeckel (Hurra! Ein Symbol!) dreht sich noch ein paar Mal um sich selbst und kippt dann um.

Dazu der Spannungsbogen:

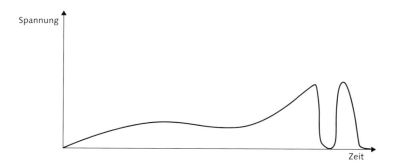

Abbildung 4.42 ▶
Spannungsbogen Film C

Natürlich ist das hinterhältig, den Zuschauer erst in Sicherheit zu wiegen und seinen Puls dann sofort wieder zu beschleunigen. Aber Spaß macht's halt auch – selbst dem Zuschauer.

Höhepunkte unseres Films
Bei dem Film über die beiden Glaskünstlerinnen ist der Spannungsbogen naturgemäß nicht ganz so steil wie bei einem Verkehrsunfall. Aber trotzdem ist er da. Die Höhepunkte sind:
- ▶ Der Kerzenständer, dessen Spannung dadurch aufgebaut wird, dass der Zuschauer erst einmal nicht weiß, was aus dem Flaschenhals wird.
- ▶ Der rauchende Handschuh bei der Herstellung der Schale. Natürlich darf so etwas nicht gleich abgefeiert werden, daher sehen wir den Rauch auch erst beim zweiten Arbeitsgang am Ofen.

▶ Die grafische Montage am Ende des kleinen Films ist wohl ein optischer Höhepunkt, birgt aber keine Spannung mehr. Er soll vielmehr einen positiven Gesamteindruck hinterlassen und einen verrätselten Überblick über die Produkte von Gecko Glass darstellen.

5 Der Feinschliff: Effekte für Ihren Film

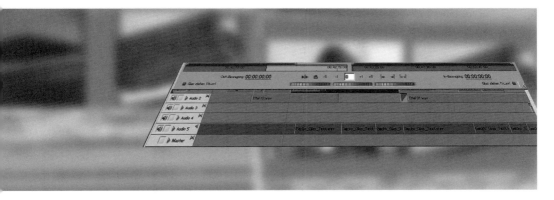

Die Kür in der Abteilung Schnitt-Effekte

Sie werden lernen:
- Welche Effekte gibt es?
- Wie unterlege ich Effekte mit Musik?
- Was ist ein Key?
- Wie mache ich eine Bauchbinde?
- Wie gestalte ich Multi-Picture-Effekte?
- Wie gestalte ich einen Filmeffekt?

5 Der Feinschliff: Effekte für Ihren Film

Nach diesem Kapitel sind Sie kein Anfänger mehr. Sie haben dann die grundlegenden Fertigkeiten für den Einsatz von Effekten und ein paar gute Tricks für den Musikschnitt erlangt. Also – legen Sie sich ins Zeug und die Buch-DVD in den Rechner.

Der Key ist so ziemlich die Mutter aller modernen Effekte. Ohne ihn kommt kein Fernsehsender aus – Schrifteinblendungen, Dauerlogo, Abspänne, Verfremdungen, ja zum Teil werden komplette (virtuelle) Studioeinrichtungen erst über einen Key-Effekt in das Bild eingefügt. Keine noch so schlichte Sendungsverpackung – sprich die grafischen Elemente wie Sendungsopener, Trenner und Closer – wurde ohne diese Methode erstellt.

Beim Key geht es darum, gezielt und in einer vorher festgelegten, wenn auch zum Teil bewegten, Form ein grafisches Element oder ein Bild über ein Hintergrundbild zu legen. Das soll meistens geschehen, um einen zusätzlichen Nutzen für den Zuschauer (z. B. eine Information), eine ästhetische Aufwertung des Hintergrundbildes oder eine Verfremdung (z. B. bei der Anonymisierung mutmaßlicher Verbrecher) zu erreichen.

Effekte auf der Buch-DVD
Sie finden jede Menge Beispiele für Keys im Film Gecko.Glass.avi ab TC 08:07:09 – alle Bilder sind auf eine schwarze Fläche gekeyed.

5.1 Der Key

Was ist ein Key?
Kopfkino mal anders: Sie stehen vor einem Baum und heben einen Karton hoch, in dessen Mitte ein Viereck ausgeschnitten ist. Jetzt sehen Sie größtenteils den Karton, der den Baum verdeckt (also **deckend** ist), und einen kleinen Ausschnitt des Baumes, weil in diesem Ausschnitt der Karton fehlt. In der Sprache der Video-Technik ist der Karton-Ausschnitt transparent. Er ist sogar so transparent, dass man hindurchschauen kann!

Sie machen mit dem Karton genau das, was man in der Filmtechnik einen Key nennt. Wenn Sie eine Folie mit einer Farbe oder einem Muster über den Karton legen und das Viereck auch aus der Folie herausschneiden (was leicht ist, da Sie ja die Form durch den Karton vorgegeben haben), so entspricht die Folie einem **Fill**.

Die Folie mit dem Muster ist in der Form des deckenden Keys zu sehen, während durch die transparenten Teile des Keys der Hintergrund (hier: der Baum) erkennbar bleibt. Der Fill bekommt also die Form des Keys.

5.1 Der Key

▲ Abbildung 5.1
Die linke Vase soll in die rechte Hand.

Key-Signal

Diese beiden Bilder werden mit Hilfe einer Schablonenvorschrift, dem Key-Signal, zu einem Bild gefügt. Als Fill dient das ganze linke Bild mit der Vase, durch ein Key in Form dieser Vase wird aber der Rest des Fills unsichtbar und große Teile des als Hintergrund dienenden rechten Bildes sichtbar.

Die Form steht also fest (linke Vase), aber wie wird diese Aufgabe technisch gelöst? Das Key-Signal ist in diesem Fall ein Graustufenbild – also eigentlich eine zusätzliche Videoquelle –, das dem Programm sagt, in welchen Teilen das zu keyende Bild deckend und in welchen es transparent sein soll. Da nur die Helligkeitsunterschiede des Key-Signals für die Transparenz entscheidend sind, nennt man diese Art von Key auch **Luminanz-Key** oder kurz Luma-Key.

Hier das Key-Signal, das ich in Photoshop hergestellt und als TIFF-Datei abgespeichert habe:

◀ Abbildung 5.2
Mit diesem Key wird die Vase ausgeschnitten.

161

Zufälligerweise entspricht diese Form ziemlich genau den Umrissen der linken Vase, die, wenn man sie zusammen mit diesem Key auf das Bild mit der Vase in der Hand legt, Folgendes erzeugt:

> **Video-Hinweis**
> Diesen Key-Effekt finden Sie bei TC 00:00:00 auf der Buch-DVD in der Datei Keys_und_Wipes.AVI.

Abbildung 5.3 ▶
Resultat des Keys

Key-Kanal

Wie geht jetzt das nun wieder? Hinterhältigerweise kennt Ihr Schnittprogramm nicht nur mehrere Videospuren, sondern für jede dieser Spuren auch noch einen Key-Kanal. Als wenn man nicht schon genug mit dem Rest zu tun hätte. Dieser Key-Kanal befindet sich sozusagen innerhalb der Videospur, genauso wie jede der Grundfarben (es gibt Rot, Grün und Blau, das berühmt-berüchtigte RGB) des Fernsehbildes einen eigenen Kanal in der Videospur hat.

In Premiere Pro zum Beispiel wird der obige Luma-Key hergestellt, in dem man in die Videospur 1 den Clip der Vase in der Hand und zeitgleich auf der Videospur 2 den Clip mit der Vase auf dem Tisch legt. In eine dritte Videospur wird das Key-Bild gelegt. Der Clip in Videospur 2 bekommt dann den »Bildmaske-Key«-Effekt verpasst. Im Effektfenster kann man dann bestimmen, welche der Videospuren den Key enthält (siehe Abbildung 5.4).

In diesem Fall benennt also das Schwarz des Keys den transparenten Teil, während »Weiß« der Software 100 %ige Deckung signalisiert. Denn Sie sehen nur die Vase (die ist deckend geblieben), während der Hintergrund der Vase verschwunden ist (der wurde ja auch durch den Key als transparent definiert).

5.1 Der Key

◄ **Abbildung 5.4**
Hier kann man die Key-Maske auswählen

Key invertiert

Um Sie noch ein wenig zu verwirren, darf ich anmerken, dass man das auch genau umgekehrt machen kann. Dann bedeutet Weiß deckend und Schwarz transparent! Bei den meisten Programmen kann man die Art der Interpretation einstellen: Irgendwo gibt es dann einen kleinen Schalter oder ein Kästchen mit der Beschriftung »invert key«. Wenn der Key also wie im folgenden Bild ausgesehen hätte, müsste ich ihn invertieren:

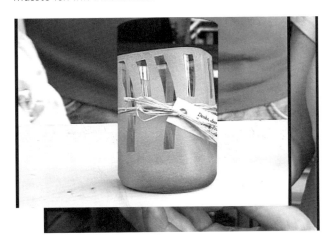

◄ **Abbildung 5.5**
Key verkehrt

163

An diesem Bild kann man auch erkennen, dass ich das oben liegende Bild zusammen mit seinem Key-Signal so positioniert habe, dass die dunkle Vase fast genau hineinpasst. Natürlich nur zufällig, Ehrensache.

Was passiert also bei diesem mysteriösen Key? Wir haben drei Bildebenen:

- **Hintergrund**: Das Bild, auf das gekeyed wird. In unserem Fall die Hand mit der hellen Vase.
- **Vordergrund**: Das Bild, das auf den Hintergrund gekeyed wird. Hier die dunkle Vase.
- **Key-Signal**: Das Graustufenbild, das die Form des Keys bestimmt. Diese Ebene kann auch automatisch erzeugt werden, wenn das Vordergrundbild gleichzeitig auch als Key dient, d.h., der Key richtet sich nach den Helligkeitsstufen des Vordergrundbildes. Der Key braucht dann keine eigene Videospur, sondern wird als Key-Kanal des Vordergrundbildes dargestellt.

Schematisch funktioniert ein Key demnach also so:

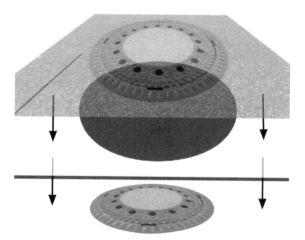

Abbildung 5.6 ▶
Der Key stanzt den Deckel aus.

Spannend wird es, wenn man die Möglichkeiten der Graustufen (= Helligkeitsstufen des Keys) ausnutzt. Dann kann ein Luma-Key auch sehr feine Abstufungen in der Transparenz erzeugen. Angenommen, wir legen zwei Bilder so übereinander:

5.1 Der Key

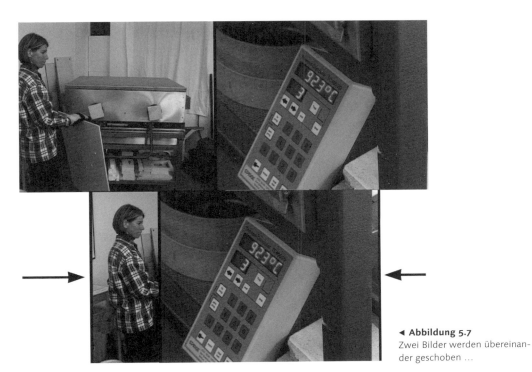

◄ **Abbildung 5.7**
Zwei Bilder werden übereinander geschoben ...

Dann können wir die beiden Bildebenen zu einer einzigen verschmelzen:

◄ **Abbildung 5.8**
Weicher Übergang zwischen zwei Bildern

Und wie muss das passende Key-Signal ausschauen? So:

Abbildung 5.9 ►
Key mit Verlauf von Schwarz nach Weiß

Video-Hinweis
Auf der Buch-DVD finden Sie unter Keys_und_Wipes.avi einen kleinen Film mit Beispielen zum Thema Keying und Wipes.

Dabei bedeutet Schwarz »transparent« und Weiß »deckend«. Das untere Bild mit Frau Reiher wird also auf der linken Seite überhaupt nicht verändert, ungefähr in der Mitte wird dann das darüber liegende Bild von links nach rechts immer deckender, bis es das untere Bild völlig überdeckt. So entsteht zwischen den beiden Bildern ein fließender Übergang.

Fazit Keys

Das Thema Keys ist beliebig knifflig – es gibt auch noch Chroma- (= Farb-) und animierte Keys – und zu allem Überfluss kann man die auch noch mit einer Key-Maske oder fröhlich untereinander beeinflussen. Da Keys aber ein zentrales Thema in der Bildbearbeitung darstellen, gibt es dazu extra noch ein paar Beispiele auf der Buch-DVD.

Auch wenn Sie vielleicht die Arbeit mit Keys zunächst umständlich finden – der Einsatz von Keys sorgt immer wieder für sehr schöne und zum Teil verblüffende Effekte. Es lohnt sich also, in diesen Teil des Schnitts ein wenig Zeit zu investieren – zumindest in die Technik des Luminanz-Keys. Die Ergebnisse werden nach einiger Zeit des Ausprobierens immer reizvoller und beeindruckender.

Man kann z. B. ein Key-Signal weichzeichnen, in einer Animation verzerren und entzerren, im Raum bewegen etc., da sind der Fantasie nur durch den Wecker am nächsten Morgen oder dem Vorrat an großen, runden Keksen Grenzen gesetzt. Schauen Sie sich die AVI-Datei in Ruhe ein paar Mal an, und spielen Sie dann mit dem Material und den Key-Einstellungen rum.

5.2 Wipe

Ein Wipe ist ein Übergang von einem Bild zum nächsten in Form eines vorgefertigten Musters. Ab TC 00:50:20 im Film Keys_und_Wipes.avi auf der Buch-DVD sehen Sie ein paar Beispiele für Standard-Wipes von Adobe Premiere.

Auch ein Wipe hat eine einzustellende Transitionszeit, in der mindestens zwei Videoquellen gleichzeitig zu sehen sind. Hier werden aber nicht ganze Bilder durchgeblendet, sondern Bilderteile in bestimmten Mustern über das existierende Bild hineingewiped. Aus dem Bild der Vase wird über ein Wipe das Bild dieser Vase, wie die folgenden drei Abbildungen zeigen.

> **Wipes auf der DVD**
>
> Schauen Sie sich den DVD-Clip Keys und Wipes.AVI an – die letzten Sekunden bieten eine fröhliche Viel-Wiperei.

▲ **Abbildung 5.10**
Ausgangsbild des Wipes

▲ **Abbildung 5.11**
Wipe zwischen zwei Vasen-Bildern

◄ **Abbildung 5.12**
Endprodukt des Wipes

Dabei sind diejenigen Wipes, die beide Bilder einfach nur übereinander legen und dann in der einen oder anderen Form ineinander blenden, nichts anderes als softwareseitig festgelegte Keys.

5.3 Musik, die Zweite

Was da jetzt am Filmende ab Timecode 08:07:08 zu sehen ist, nenne ich für mich den »Tanz der Schalen«. Aber wonach sollen sie tanzen? Deswegen kommen wir zunächst zur Musik.

Die richtige Musik zum richtigen Bild
Als Basis dient mir in solch einem Fall immer die Musik. Sie ist mein Tempo-Macher, meine Taktvorgabe und offen gestanden sehr oft auch mein Ideenlieferant. Andere Kollegen machen es genau andersherum: Sie schneiden zuerst zum Beispiel einen Trailer und legen dann eine Musik drunter. Oft passt der Ton perfekt zum Bild, manchmal müssen nur wenige kleine Korrekturen am Bildschnitt getätigt werden, damit das Ganze auf die Musik passt.

Ich suche mir zunächst eine Musik aus, die zu meiner Aussage oder zu dem Thema passt (in diesem Fall Glas), dann gebe ich mir eine Länge vor (hier ca. 30 Sekunden), und dann suche ich nach passender Musik. Das kann lange dauern. Je nachdem, wie groß Vorstellungskraft und Anspruch sind, auch mal Stunden ... Aber irgendwann findet man das Stück, das wirklich gut, wenn nicht sogar perfekt passt. Als entscheidende Kriterien für die Musik ab TC 08:07:08 dienen mir Tempo, Rhythmus und Instrumentierung. Die Musik soll schnell sein und einen **deutlichen Rhythmus** aufweisen. Bei der Instrumentierung habe ich keine Vorgabe, aber den Sound angeschlagener Röhren oder Gläser – Kenner und Könner werden jetzt vermutlich etwas von Ringmodulatoren murmeln – empfinde ich zum Thema Glas ganz passend.

Schwierig ist dabei, dass man sich zum Teil von seinem persönlichen Musikgeschmack lösen muss, um hier zu einem **zielgruppengerechten** Ergebnis zu kommen. Entscheidend sind die Verwendbarkeit und die Wirkung der Musik, nicht der Name des Interpreten oder die Häufigkeit des Radio-Air-Plays. Grundsätzlich empfehle ich, in neutralen Situationen auch eine neutrale Musik zu verwenden. Musik kann einen unglaublich hohen Wiedererkennungswert besitzen, der sich störend auf den Film auswirken kann.

Kopfkino: Ihr Kind spielt zum ersten Mal Mundharmonika, und Sie legen »Spiel mir das Lied vom Tod« darunter. Das kann natürlich auf ironische Weise lustig sein, den einen oder anderen Zuschauer aber auch befremden, da niemand den Tod (und schon gar nicht einen solchen wie in dieser Szene, in der auch ein Kind vorkommt) in einem Kinderfilm thematisiert sehen möchte. Ein ganz klarer Fall also für Selektion nach Zielgruppe, Thema und Ethik.

Völlig anders als im Kopfkino verhält sich das, wenn Sie ganz gezielt mit der Musik eine Aussage treffen möchten. Dann ist oft auch sehr schnell etwas Passendes gefunden: »Schni-Schna-Schnappi« zum Krokodils- und »Harry Potter« zum Hexenkostüm sind logische Einsätze bekannter musikalischer Themen. Auch ist sicherlich der Figaro erlaubt, wenn Ihrem Kind das erste Mal die Haare geschnitten werden und Sie dies mit der Kamera beobachten konnten.

Etwas aufwändiger, dafür auch interessant für den anspruchsvolleren Zuschauer sind klassische Themen aus der Tonmalerei wie »Bilder einer Ausstellung«, »Die Moldau« oder »Peter und der Wolf«. Vorsicht bei den »Vier Jahreszeiten« – die sind schon ziemlich oft verwendet worden und können daher etwas platt wirken. Müssen aber nicht.

Bei **Musikstücken mit Text** bin ich immer etwas zurückhaltend, da das gesungene Wort sich mit dem gesprochenen Wort überschneiden kann. Sei es, dass Sie etwas zu sagen haben oder dass ein O-Ton kommt: Die Verständlichkeit wird durch Gesang gemindert, da Sprache – auch gesungene – eine Information darstellt. Der Zuschauer versucht dann automatisch, zwei Informationsquellen über ein einziges Medium aufzunehmen. Das geht beliebig schief. Im Gegensatz dazu ist es natürlich schon sehr schick, wenn der Gesang den Off-Text ersetzt, indem er thematisiert, was Sie im Bild zeigen.

Auf jeden Fall soll die Musik zu den Bildern, zur Geschichte und zur Aussage passen. Und je mehr Mühe Sie sich bei der Auswahl geben, umso besser passt es nachher.

Musik bearbeiten

Gehen wir doch einmal kurz den Film Gecko Glass.avi hinsichtlich der Musik durch. Lassen Sie probehalber die Musik zwischen TC 00:47:19 und TC 00:55:19 weg – das Loch ist erschreckend. Auf der anderen Seite wollen wir auch musikalisch keine Langeweile aufkommen lassen, also brauche ich für das kleine Stück eine andere Musik. Track 27 von der blue valley CD Nr. 42b namens »Windspiel«

erfüllt meine Vorstellungen sehr genau – eine warme ruhige (Klang-) Fläche ohne Effekte ist genau das, was ich hier brauche. Sie funktioniert sogar unter dem O-Ton, wenn man die Lautstärke entsprechend anpasst.

▶ Der Pegel des O-Tons wird an der Position 1 angehoben, sonst ist er zu leise.
▶ Kurz bevor der O-Ton einsetzt, ziehe ich die Musik an Position 2 langsam runter. Der finale Lautstärkepegel ist so gering, dass man die Musik zwar noch wahrnimmt, aber die Verständlichkeit des O-Tons nicht darunter leidet.
▶ Nach dem O-Ton senke ich seinen Pegel in Position 3 wieder auf Atmo-Niveau ab.
▶ Zusätzlich findet bei Position 4 ein Musikwechsel statt: Ab TC 01:06:18 blendet die Musik in der Audiospur 3 (»Titel19.wav«) auf. Wenn sie gut wahrnehmbar ist, blende ich den »Titel 27« auf Audiospur 4 langsam ab.

Wie es der Zufall so will, passen die beiden Musikstücke sehr schön ineinander. So entsteht der Eindruck, die beiden Stücke wären eigentlich eines und dieses wäre genau auf die Szene komponiert. Edler geht's auf die Schnelle nicht.

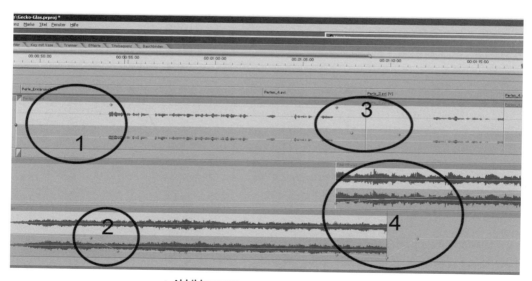

▲ **Abbildung 5.13**
Screenshot der Keyframes für die Musik unter dem O-Ton

5.4 Grafische Montage mit Musik

Ein alter Freund: Der Key
Schauen Sie sich die kurze Passage ab TC 08:07:08 ein paar Mal an. Ziel ist es, ein Spektrum der Glasobjekte von Gecko Glass zu zeigen, ohne in eine bloße Aneinanderreihung abzugleiten. Es macht Sinn, bei diesem Vorhaben etwas sparsam anzufangen. Man will sich ja noch steigern können.

◄ **Abbildung 5.14**
Recht grafische »Grafische Montage« am Ende unseres Films

Als Erstes sehen Sie nach der **Aufblende** eine sich drehende Glasschale in einem kleinen Fenster auf Schwarz gekeyed.

Wenn Sie Lust dazu haben, probieren Sie einmal andere Hintergrundfarben – Sie werden wahrscheinlich feststellen, dass Schwarz sehr gut funktioniert, weil es die Bildfarben leuchten lässt und den eindeutig höchsten Kontrast zum Bild bringt. Außerdem lenkt es nicht vom eigentlichen Bild ab. Auch auf Weiß können viele Bilder prima aussehen, vor starken Farben würde ich aber dringend warnen: Mit ihnen können Sie bildlich ganz schnell in unliebsame Ecken (z. B. Kitsch oder Pop) abrutschen. Das muss dann wirklich passen!

Als Nächstes müssen wir ein Scheit drauflegen. Da die Objekte meistens recht strenge geometrischen Formen oder Strukturen besitzen, bleibe ich auch bei der grafischen Gestaltung geometrisch. So komme ich mit folgenden Effekten aus:

5 Der Feinschliff: Effekte für Ihren Film

1. **Skalierung:** Ich mache die Bilder kleiner.
2. **Beschneiden:** Ich verwende nur einen rechteckigen Ausschnitt des Bildes, damit ändere ich auch sein Seitenverhältnis. Dieser Ausschnitt wird dann auf den Hintergrund gekeyed.
3. **Farbkorrektur:** Damit erzeuge ich kleine Helligkeitsschwankungen und Anpassungen.
4. **Key:** Bildstrukturen werden auf andere Bilder projiziert.
5. **Transparenz:** Die Deckkraft der einzelnen Fenster nimmt von unten nach oben ab.
6. Im Falle des obersten Fensters folgt ein **Verlauf** (der obere Clip wird dunkler).

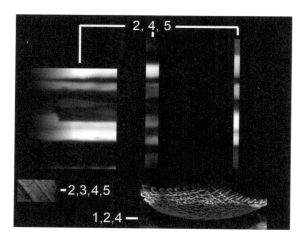

Abbildung 5.15 ▶
Verschiedene Effekte auf verschiedenen Bildern

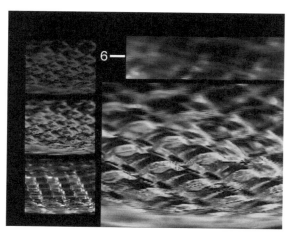

Abbildung 5.16 ▶
Anwendung des Verlauf-Effektes

Die Fenster werden im Musikrhythmus reingeschnitten und fertig. Kein großer Aufwand. Das können Sie auch – die Details erfahren Sie im Abschnitt »Multi-Picture«.

Ein wenig aufwändig wird es bei diesem Bild:

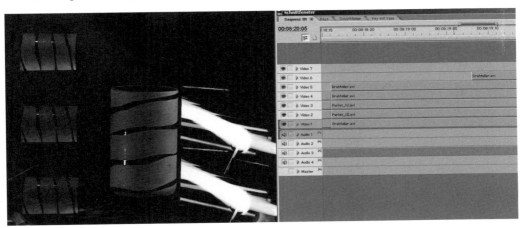

▲ Abbildung 5.17
Bild und Timeline bei TC 08:20:00

Was da in einer Sekunde fünfzehn abgefeiert wird, kostet in der Herstellung schon ein wenig Zeit.

Als Grundlage dient der Clip Drehteller.avi – die Vase auf dem Drehteller.

In die nächste Videospur nehme ich die Detailaufnahme aus dem Clip Perlen12.avi, skaliere ihn auf knapp die Hälfte der Originalgröße und keye ihn über seine Luminanz ein, damit man nur die Flamme und die Glas- und Eisenstäbe, nicht aber den Tisch sieht – der würde mir zu viel vom Bild verdecken.

Und weil mir das ganz gut gefallen hat, nehme ich das gleiche Bild noch einmal, kopiere es auf die nächste Videospur an der gleichen Stelle der Timeline und ändere die vertikale Position. Jetzt haben wir zwei Gasflammen, die optisch die Vase anstrahlen. Es gibt Schlimmeres.

Die linke Seite finde ich noch etwas nackig. Durch die Farbunterschiede auf dem Drehteller ist es jedoch möglich, die Vase »auszustanzen«, sprich von ihrem grünen Hintergrund zu lösen. Das Mittel der Wahl nennt man Chroma-Key, weil hiermit bestimmte Farben und ihre Nachbarn transparent gemacht werden können – in diesem Fall grün.

Fingerübung für Fortgeschrittene: Key und Tracking

Wenn Sie Premiere haben, schnappen Sie sich die Key-Daten und die sich drehende blaue Vase, und legen Sie sie derart auf das Bild mit der hellen Vase aus TC 03:01:00, dass sich die blaue Vase genau dann dreht, wenn die helle Vase von Hand gedreht wird. Die Anpassung eines Objektes an eine bewegte Vorlage mit Hilfe von Keyframes nennt man auch **Tracking**. In anderen Schnittprogrammen müssen Sie noch den Key einstellen. Das wird Ihnen auch noch ein wenig Fingerspitzengefühl für Keys vermitteln.

Verwenden Sie die 2D-Bewegungen und die Möglichkeiten, Clips zu verlangsamen, anzuhalten und wieder laufen zu lassen, um die richtige Objektbewegung herzustellen Wir sehen uns dann morgen wieder ...

Eine leichte Fingerübung für Fortgeschrittene: der Key als Fehlerkorrektur

Schauen Sie sich die Stopp-Tricks in effekte.avi auf der Buch-DVD an. Da sehen Sie zwei Fehler besonders deutlich:

- ▶ TC 00:28:22 und TC 00:28:23: Vorhang rechts außen wurde bewegt.
- ▶ TC 00:31:13 und ab TC 00:31:14: Vorhang wurde heftig bewegt, und unterschiedliche Reflexionen auf den Gläsern rechts unten sind zu sehen.

▲ **Abbildung 5.18**
Diesen Bildfehler zwischen TC 00:31:13 und TC 00:31:14 in Effekte.avi können Sie mit einem Key beheben.

Kaschieren Sie diese Fehler, indem Sie das jeweils letzte intakte Frame als Standbild über die rechte Seite keyen, die sich nicht mehr ändert. Das kann auch mit einem Bild-in-Bild-Effekt gemacht werden, bei dem die entsprechenden Bildkanten so gesetzt werden, dass sie den Rest nicht stören.

5.5 Die Bauchbinde

Namenseinblendungen nennt man auch Bauchbinden, da sie meistens in Bauchhöhe (sprich im unteren Fünftel des Bildes) den Namen und meist noch eine Bezeichnung des im Bild befindlichen O-Ton-Gebers nennen. Bauchbinden transportieren also eine zumindest teilweise wichtige Information – daher sollten sie eher lesbar als schmückend sein.

Video-Hinweis
Beispiele für Bauchbinden finden Sie auf der Buch-DVD in der Datei Bauchbinden.avi.

Bauchbinde 1: Nur Text
Die einfachste Bauchbinde der Welt können Sie mit jedem Titel-Tool der Welt in Ihren Film einfügen: Text ohne alles. Verzichten Sie dabei auf Schnörkel wie zu weiche Schatten oder poppige 3D-Kanten mit Glitzereffekt und bewegter Innenstruktur, welche die Lesbarkeit vermindern. Wie beim Titel gilt auch hier meistens: schlicht besticht.

◄ **Abbildung 5.19**
Bauchbinde, nur Text

Natürlich dürfen Sie sich bei dem Video über den letzten Bergurlaub bauchbinderisch austoben – aber wenn Ihr Film das neue Corporate Design Ihrer Firma vorstellen soll, würde ich mich möglichst auch bei der Bauchbinde an diesem Design orientieren.

Als Textfarbe empfehle ich für die Nur-Text-Version Weiß oder Schwarz. Damit erreichen Sie den jeweils höchsten Kontrast zum Untergrund und damit eine gute Lesbarkeit.

In diesem Beispiel ist die Gestaltung klassisch: Name groß, Bezeichnung kleiner, das Ganze linksbündig, und aus die Maus. Natürlich ist das nicht sehr originell, aber sehr effizient. Wenn Sie es sehr eilig haben (siehe Abteilung »Power Editing«), ist solch eine Bauchbinde die erste Wahl.

Ihre Bauchbinden fühlen sich viel wohler, wenn sie zum Film passen. Daher gibt es einige Dinge, auf die Sie besonders achten sollten:

- Schwarz auf Weiß ist sehr gut **lesbar**, aber nicht hier (Abbildung 5.20)! Die weiße Umrandung der schwarzen Schrift ist ja schon eine gute Idee, aber der schwarze Schatten macht diese völlig kaputt. So bitte nicht.
- Auch die Bauchbinde in Abbildung 5.21 wird keinen Blumentopf im nächsten Design-Wettbewerb gewinnen. **Fonts zu mischen** ist an sich bereits gern problematisch, aber der »handschriftliche« Font passt so gar nicht zu dem Film. Vielleicht eher etwas für Filme mit Wiener-Walzer-Soundtrack.

Abbildung 5.20 ▶
Bauchbinde, unlesbar

Bauchbinde mit Hintergrund

Ah! Endlich kommen wir zu den hübschen Sachen. Diese Bauchbinde besteht aus zwei Teilen: Hintergrund (Background) und Schrift (Typo). Der Hintergrund ist ein mit Photoshop erzeugter kleiner weißer Kasten, den ich mit einem Luminanz-Key auf das Bild lege. Natürlich würde das einfacher mit dem Titel-Tool von Premiere gehen, aber mir geht es hier um die prinzipielle Arbeitsweise. Wenn Sie schöne Bauchbinden-Backgrounds (!) herstellen wollen, lösen Sie sich frühzeitig von Ihrem Schnittprogramm. Besser ist das.

◄ **Abbildung 5.21**
Bauchbinde 3,
veränderter Font

◄ **Abbildung 5.22**
Bauchbinde 4 mit Background

Also habe ich in Photoshop einen weißen Kasten auf schwarzem Grund hergestellt, die Datei im PAL-DV-Format sowohl als Photoshop- als auch als TIFF-Datei (ohne Ebenen, unkomprimiert) abgespeichert und die TIFF-Datei in Premiere importiert. Dort kommt sie in die nächste Videospur und wird mit dem Effekt Luminanz-Key versehen. Das bewirkt aber einen kleinen weißen Kasten am unteren Bildrand, der da etwas zusammenhanglos herumhängt. Um dies zu vermeiden, vermindere ich seine Deckkraft, und auf einmal wird aus dem weißen Kasten ein schlichter, elegant-transparenter Bauchbindenhintergrund.

Als Font verwende ich Times New Roman, das passt seitens der Nüchternheit ganz gut zum Charakter der Bauchbinde. Da der Hintergrund weiß ist, bekommt die Schrift ein schwarzes Fill und verspielterweise noch einen weißen Schatten, das Kerning (= der Abstand zwischen den einzelnen Buchstaben) wird noch ein wenig erhöht, und fertig ist die erste schicke Bauchbinde.

Bauchbinden im titelsicheren Bereich

Hier ist ein kleiner Exkurs in die angewandte Bildtechnik notwendig. Die vertikale Position des kleinen weißen Kastens unter der Schrift ist kein Zufall. Wenn Sie am Computer ein Videobild mit 720 x 576 Bildpunkten betrachten, sehen Sie von dem Bild deutlich mehr als auf einem durchschnittlichen Fernseher. Das liegt daran, dass das gesendete Fernsehbild **größer** ist als das wiedergegebene.

Für Bauchbinden und andere Informationen gilt, dass ihre Sichtbarkeit garantiert sein muss – egal auf welchem Fernseher. Deshalb spricht man von einem titelsicheren (auch *titelsave* genannten) Bildbereich, wo diese Garantie existiert.

Man kann sich diese Grenze anzeigen mit dem Knopf »Sichere Ränder« oder »Grid«. Ihre Bauchbinden sollten sich also mit dem zu lesenden Teil innerhalb dieses Bereiches bewegen, dürfen aber sonst gerne auch darüber hinausragen, dann reichen sie auf jeden Fall bis zum Bildschirmrand.

Bauchbinde mit Effekt

Unsere schlichte Bauchbinde im vorherigen Beispiel passt sicherlich nicht zu allen Filmen, die Sie schneiden und gestalten möchten. Ihr Schwerpunkt ist die Schlichtheit – Schwung hat sie keinen. Deshalb möchte ich Ihnen die Bauchbinde in Abbildung 5.23 vorstellen.

Die Herstellung eines solchen Bauchbinden-Hintergrundes ist leider komplizierter. Der klassische Weg wäre Key und Fill aus Photoshop als Tiff speichern, Fill in die Timeline schneiden, Bildmasken-Effekt draufkeyen, als Key-Datei die Key-Tiff-Datei angeben, fertig. Leider ist mir zumindest dieser Weg versperrt, da Premiere Pro nicht ganz auf einen solchen Key hört – man sieht das Fill noch transparent über das ganze Bild scheinen.

Deshalb gehen wir jetzt in die Profi-Abteilung und schauen uns an, was wir da mit Photoshop machen können. Den folgenden Workshop können Sie leider nur nachvollziehen, wenn Sie sich bereits etwas in Photoshop auskennen – ich kann natürlich die Grundlagen des Programms hier nicht erklären. Aber auch ohne Photoshop haben Sie ja bereits einige nette Bauchbinden kennen gelernt.

◄ Abbildung 5.23
Bauchbinde 5 mit »Schwung«

Bauchbinde in Photoshop gestalten

Erzeugen Sie eine neue 720 x 576 große RGB-Datei, und zeichnen Sie mit dem Pfad-Werkzeug die Umrisse Ihrer persönlichen Lieblingsform einer Bauchbinde.

1. Bauchbinde anlegen

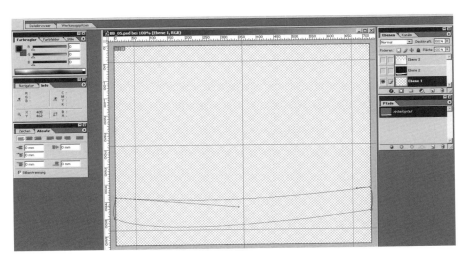

Dann basteln Sie sich zum Beispiel mit dem Verlaufswerkzeug ❶ ein geschmackvolles farbiges Fill, das ruhig ein wenig größer sein kann als der Umriss.

Dazu wählen Sie zunächst die beiden Farben aus, zwischen denen der Verlauf stattfinden soll. Dann ziehen Sie mit dem Auswahlwerkzeug ❷ ein genügend großes Rechteck auf ❸, das den Pfad aus Schritt 1 überdeckt. Dieses Rechteck füllen Sie dann, indem Sie von der äußerst linken Seite des Bildes zur rechten Seite mit dem Verlaufswerkzeug über das Bild ziehen. Der Verlauf wird gerade, wenn Sie dabei die Umschalttaste gedrückt halten.

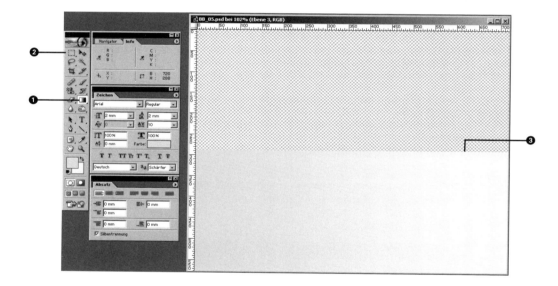

2. Auswahl erstellen Jetzt wählen Sie im Pfade-Fenster die Funktion ARBEITSPFAD AUS AUSWAHL ERSTELLEN ❶ an (entweder Sie verwenden dazu den entsprechenden Button oder rechtsklicken auf das Icon des Pfades und wählen die Funktion aus).

Als Nächstes wählen Sie die Kanäle-Palette ❷ von Photoshop, die man normalerweise als zweiten Reiter in dem Ebenen-Fenster findet.

5.5 Die Bauchbinde

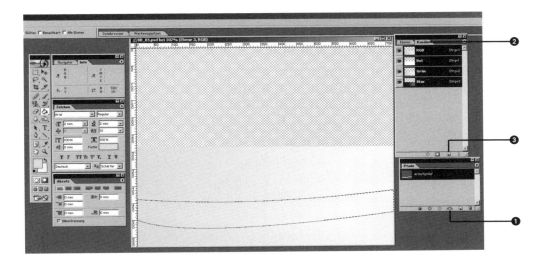

Wählen Sie schließlich NEUER KANAL im Kanäle-Fenster ❸, und schwups, haben Sie einen Alpha-Kanal (= Keykanal) erzeugt ❹!

3. Key-Kanal erzeugen

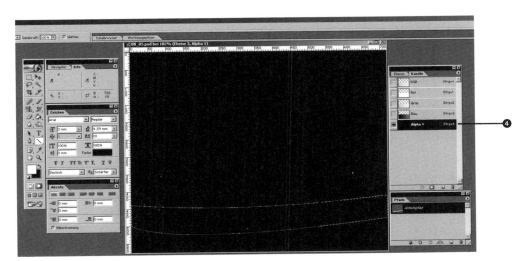

Wählen Sie diesen an. Füllen Sie nun die Auswahl mit Weiß – jetzt haben Sie einen Key gebaut. So einfach geht das.

5 Der Feinschliff: Effekte für Ihren Film

4. Key verbessern   Wenn Sie den Key besonders schön machen wollen, wenden Sie auf ihn einen Weichzeichner mit einem Radius von 2 Pixeln an. Dazu wählen Sie zunächst die Auswahl ab (Strg+D) und verwenden dann den Gauß'schen Weichzeichner aus dem Filter-Menü. So können die Kanten des Keys nicht mehr zwischen den Halbbildern flimmern.

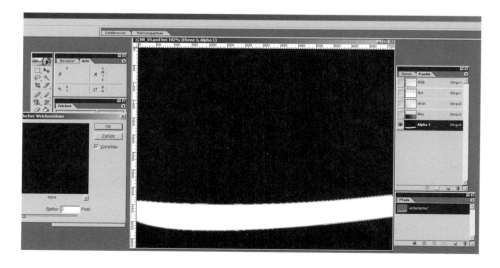

Speichern Sie das Fill mit seinem Alpha-Kanal als TIFF ab, importieren Sie es in Ihr Schnittprogramm, und legen Sie den Bauchbinden-Hintergrund auf die nächsthöhere Videospur der Timeline. Schon wird er an der richtigen Stelle über Ihr Bild gekeyed. Transparenz einstellen – fertig.

5. Alpha-Kanal in Schnittprogramm importieren

Ende

Bauchbinden variieren
Das Gegenteil des nüchternen Fonts »Minion Pro Bold« stellt die Schriftart »Bauhaus 93« dar. Immer noch mit klaren Linien, aber alles rund und munter, wirkt diese Schrift schlichtweg ganz anders. Wenn so etwas zu Ihrem Film passt – bedienen Sie sich!

◄ Abbildung 5.24
Bauchbinde 6 mit Bauhaus-Font

Wir können noch einen Scheit darauf legen: Bauchbinden-Background mit Struktur und verlaufender **Transparenz** ist das nächste Stichwort – schauen Sie einmal:

Abbildung 5.25 ▶
Bauchbinde Nr. 7 mit Tricks

Damit können Sie schon angeben gehen. Den gelben Verlauf habe ich mit ein paar Pinselstrichen weiß verziert, und der Key der Bauchbinde hat einen Transparenzverlauf bekommen, indem ich die Auswahl im Alpha-Kanal des gelben Fill mit einem Verlauf von Weiß nach Grau anstatt nur mit Weiß gefüllt habe. Das sind zwei Minuten mehr Aufwand als die Version 6 unserer Bauchbinden-Sammlung und macht schon was her. Wem das nicht genug ist, der kann jetzt noch den Inhalt und/oder die Form des Bauchbinden-Hintergrundes in After Effects animieren. Wie das geht, kriegen wir später.

Bauchbinden bewegen
Der einzige »Schönheitsfehler« bei dieser Bauchbinde ist die unterschiedliche Transparenz von Typo und Hintergrund. Eigentlich nichts Schlimmes, solange man Hintergrund und Typo nicht ein- und wieder ausblendet. Dann jedoch sieht man, dass der Hintergrund später rein- und früher rausblendet als die Schrift, weil er ja transparent bleibt bzw. schon ist. Die Typo hängt also für ein paar Frames unangenehm einsam im Raum herum.

Wollen wir das zulassen? Können wir wirklich verantworten, dass die Buchstaben, welche die Gehirne unserer Zuschauer aufs Freundlichste informieren, ganz allein und ohne optischen Halt auf dem ganz normalen Bildhintergrund *herumhängen*?

Außerdem gilt es als besonders schick, Bauchbinden animiert (= bewegt) rein- und wieder rauszukeyen. Was bei einem bandgestützten Schnittplatz zu den unbeliebtesten Aufgaben überhaupt gehört, ist mit einem non-linearen Schnittsystem ein Spaziergang am Strand: Effekt auf Hintergrund und Typo anwenden, und gut ist. Und schön ist's auch noch.

▲ Abbildung 5.26
Bauchbinde rein- und rauswipen

Der Effekt, der am Anfang und am Ende sowohl vom Hintergrund als auch von dem Titel angewandt wird, heißt bei Premiere ÜBER-SCHIEBEN (BÄNDER) und erzeugt eine zusätzliche Aufmerksamkeit für die Bauchbinde.

5.6 Grafik und Effekt mit After Effects

Gerade beim Thema Titelanimation wird die Grenze zwischen Video-Effekten und Grafik unscharf. Besonders die Keys können Sie viel einfacher in einem Grafikprogramm als in Ihrem Schnittprogramm erstellen. Die Animation – also die Bewegung oder Veränderung – dieser Keys ist meist wieder Sache der Schnittprogramme, was das Ganze bezüglich der Komposition von Grafik und Videobild (man spricht hier auch von **Footage**) schwer macht. Als Programm zwischen diesen Welten dient After Effects von Adobe – dieses Programm kann ich Ihnen sehr ans Herz legen, wenn Sie ungewöhnliche Effekte mit gewöhnlichen Bildern erzielen möchten.

Die Aufgabe
Da mir meine Titelanimation TitelGlas.avi nicht wirklich gefallen hat, möchte ich nun unter Ihrer strengen Beobachtung eine neue, passendere Titelanimation erstellen. Sie soll den folgenden Anforderungen genügen:
- Sieben Sekunden Länge
- Fröhlich im Sinne von gut gelaunt, aber nicht überschäumend
- Symbolisierung des zentralen Themas »Glas«
- Andeutung eines Gebrauchsgegenstandes aus Glas
- Interessant, optisch reizvoll
- Trotzdem gut lesbar

Für mich funktioniert die Arbeit mit After Effects dann besonders reibungslos, wenn ich schon vorher eine ungefähre Vorstellung von der zu erstellenden Grafik habe, also mein Ziel möglichst genau definiere.

Das Ziel
Fröhliche Grafiken erzeugt man z. B. durch entsprechende Farben, also stelle ich mir einen »bunten« Hintergrund vor, der aber nicht so viele Details enthält, dass der Zuschauer vom Text abgelenkt wird.

Die zentrale Eigenschaft von Glas ist neben seiner Härte die Möglichkeit der Transparenz, also werde ich die Typo (zumindest das Wort »Glas«) transparent halten.

Um eine grafische Lösung für die Gebrauchsfähigkeit der Glasobjekte zu finden, brauche ich schöne Bilder aus dem Rohmaterial, die ich zum Beispiel noch mit einem Key oder einem Effekt bearbeiten möchte.

Interessant soll die Grafik durch Transparenzen, vielleicht durch Licht und Schatten und sicherlich durch die Bewegung der Einzelteile, werden. Hier wäre die Anwendung eines dezenten 3D-Effektes vielleicht ganz schön.

Knackig wird's dann allerdings mit der Lesbarkeit, sie erfordert eine möglichst klare und gut lesbare Schrift, die sofort erfasst werden kann und trotzdem mit dem Hintergrund harmoniert. Da ich einen 3D-Effekt verwenden möchte, soll die Typo auf jeden Fall Schatten werfen.

Der Weg: Eine Titelanimation mit After Effects

O.k., niemand hat gesagt, dass wir die Titelanimation in fünf Minuten fertig haben sollen, also stelle ich das Telefon ab und rufe entspannt After Effects auf. Ich erstelle eine neue Komposition mit sieben Sekunden Länge im DV/PAL Format und kümmere mich zunächst um den Hintergrund.

> **Die Titelanimation**
> Gecko-Titel.avi finden Sie im Filme-Verzeichnis ebenso wie das AE-Projekt.

Farbig soll er sein, also brauche ich eine Farbfläche ([Strg]/[⌘] + [Y]). Weiß ist nicht schlecht, aber alleine nicht wirklich bunt. Vielleicht funktioniert es mit mehreren Farbflächen in einem strengen geometrischen Muster, das zwar bunt sein kann, aber so groß ist, dass es nicht von der Typo ablenkt.

1. Komposition mit Hintergrund erstellen

Probieren wir es mit einer Anordnung, die zwar symmetrisch ist, aber ein wenig Spannung durch das Seitenverhältnis der Farbflächen erhält: Jeweils zwei Farbflächen nebeneinander und drei untereinander sollten funktionieren.

Ich wähle die Farben Weiß, Grün, Cyan, Blau, Rot und Gelb. Natürlich nicht immer die reinen Farben, der Zuschauer soll ja auch noch die Typo lesen können.

Diese sechs Farbflächen erzeuge ich jeweils mit [Strg]/[⌘] + [Y] und der Auswahl der entsprechenden Farbe.

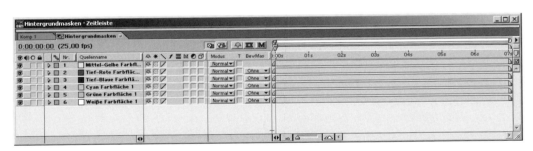

Um alle sechs sichtbar zu machen, muss ich sie verkleinern. Horizontal halbiere ich die Größe (Befehl TRANSFORMIEREN • SKALIERUNG), vertikal verkleinere ich den Seitenaspekt auf 33 %. Dann verschiebe ich die Farbflächen so, dass sie in einer Zweierreihe untereinander liegen.

2. Farbflächen skalieren und anordnen

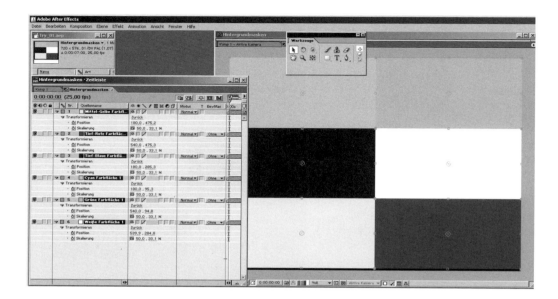

Damit ich im weiteren Verlauf der Animation nicht immer diese sechs Ebenen in der Timeline habe, fasse ich sie zu einer Unterkomposition zusammen, die ich im Dialogfenster von After Effects dann »Hintergrundmasken« nenne. Um Unterkompositionen zu erstellen, markieren Sie mit den Pfeil- und der Shift- (Umschalt-)Taste alle Ebenen, die Sie zu einer Unterkomposition zusammenfassen möchten, und drücken Sie [Strg]+[⇧]+[C]. So entsteht in der Zeitleiste ein Reiter für »Komp 1« (die Hauptkomposition) und eben »Hintergrundmasken«.

3. Footage ergänzen

Im nächsten Schritt möchte ich Footage – also gedrehte Bilder – der Komposition Komp 1 beifügen. Nach etwas Sucherei nehme ich Teile aus den Clips Beispiele 01, 03 und 06.avi, die ich so maskiere, dass sie den Kanten des Hintergrundbildes folgen.

5.6 Grafik und Effekt mit After Effects

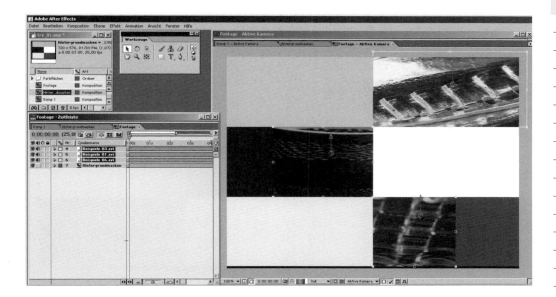

Noch ist die Bewegung in den einzelnen Bilder viel zu schnell für einen reizvollen, aber nicht sonderlich ablenkenden Hintergrund, also muss ich sie mit dem Zeitverzerrungseffekt verlangsamen. Dadurch werden die Real-Bilder beruhigt, und sie halten nun auch über die gesamte Länge der Animation.

4. Mit Effekten versehen

Trotz der Zeitlupe ist mir dieser Hintergrund noch zu konkret, zu real. Darum möchte ich ihn noch ein wenig verfremden. Der Klassiker wäre hier wieder ein Weichzeichner unseres Freundes Gauß, der jedoch die eigentliche Schönheit der Objekte zerstören würde. Darum möchte ich hier den Minimax-Effekt von After Effects anwenden, den Sie im Menü EFFEKTE • KANÄLE finden. Dieser Effekt sucht sich die hellsten Bildpunkte eines Bildes aus und ersetzt die Nachbarpixel in einem animierbaren Umkreis durch diesen hellsten Pixel. Ist der Radius 0, lässt der Effekt das Bild unverändert.

Diesen Minimax-Effekt wende ich auf alle drei Bilder gleichzeitig an, indem ich zunächst den Effektradius bei null beginnen lasse, ihn bis zur vierten Sekunde immer mehr vergrößere und ihn dann wieder auf null senke.

5 Der Feinschliff: Effekte für Ihren Film

Der Vorteil gegenüber einem Weichzeichner ist, dass der Minimax-Effekt Strukturen sichtbar lässt, was das Bild sehr reizvoll wirken lassen kann.

Da After Effects für jedes Video- und Grafik-Fitzel eine eigene Ebene braucht, kann so ein Projekt sehr schnell sehr unübersichtlich werden. Um das zu vermeiden, fasse ich auch die drei Ebenen der Realbilder in einer Unterkomposition zusammen, die ich »Footage« nenne.

Damit schaut das Projekt schon sehr viel charmanter aus, weil wir jetzt nur zwei Ebenen in unserer Timeline haben: Footage und Hintergrundmasken.

5. 3D-Ebenen und Schaltfläche für die Kamera

Jetzt geht's an die Verteilung im Raum: Die Footage soll etwas vor dem bunten Hintergrund schweben. Dazu markiere ich die Ebenen als 3D-Ebenen.

Im nächsten Bild sehen Sie die Schaltflächen dafür eingekreist: Wenn in der Spalte, die einen dreidimensionalen Würfel als Überschrift hat, ein ebensolcher 3D-Würfel erscheint, verwaltet After Effects diese Ebene als 3D-Ebene.

Das bedeutet unter anderem, dass diese Ebene im dreidimensionalen Raum bewegt werden und Schatten auf andere Ebenen werfen kann.

5.6 Grafik und Effekt mit After Effects

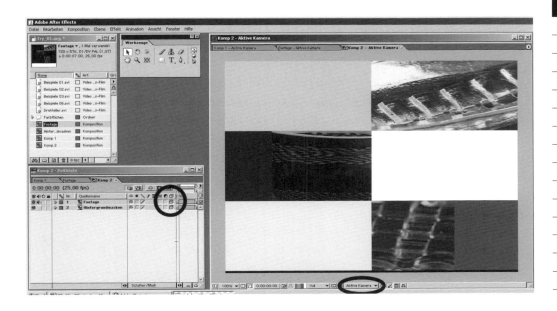

Wenn ich jetzt in der Kameraschaltfläche »oben« als Kamera und die Video-Ebene »Footage« anwähle, sieht das Ganze so aus. Die Pfeile sind die Positions- und Richtungspfeile für die Ebene »Footage«.

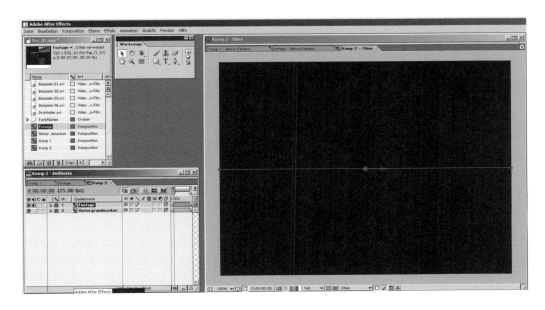

Meinen Cursor kann ich jetzt über den blauen Pfeil bringen, so dass er mit einem »Z« gekennzeichnet wird. Drücke ich dann die Maustaste und halte sie, so ziehe ich die Video-Ebene nur in der Z-Richtung nach vorne:

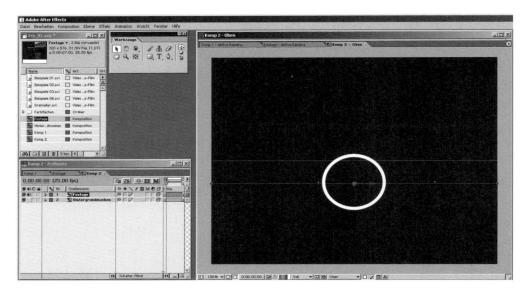

Denken Sie dran: Sie sehen diese Komposition nun (fett an) von oben (fett aus). Da die Ebenen keine räumliche Ausdehnung haben, werden sie von oben nur als Linien dargestellt.

Damit Sie überhaupt mit den Ebenen in dieser Darstellung arbeiten können, stellt After Effects Ihnen Anfasser in Form der Pfeile zur Verfügung. Wenn Sie eine Ebene von oben anschauen und in der Z-Achse nach unten bewegen, kommt Ihnen dieses Bild in der normalen Ansicht entgegen, da die Z-Achse »virtuell« senkrecht zur Bildschirmfläche – sprich Kamera-Ebene – steht. Sie können diesen Effekt sehr leicht kontrollieren, indem Sie eine zweite Kompositionsansicht öffnen und diese durch die aktive Kamera betrachten. Wenn Sie nun in der Ansicht »von oben« die Ebene in der Z-Achse verschieben, können Sie im zweiten Fenster genau kontrollieren, wie der Effekt nachher aussehen wird. Besser ist das.

In der Ansicht der aktiven Kamera sieht unser erzeugtes Bild zwar ähnlich aus, aber durch die Verschiebung in Z-Richtung erscheint die Footage-Ebene jetzt näher am Zuschauer und somit größer. Deshalb ragen ihre Elemente nun über die Flächen im Hintergrund heraus.

5.6 Grafik und Effekt mit After Effects

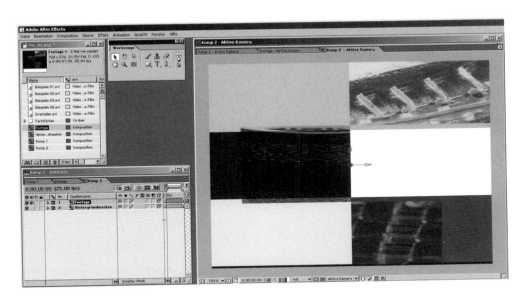

Um sowohl die Footage- als auch die Hintergrundebene im Raum drehen zu können, markiere ich beide in der Spalte »Quellenname« und klappe mit der Taste R die Rotationsparameter auf. Dann gebe ich für die Drehung um die y-Achse jeweils einen Wert von 48 Grad ein, so dass das Bild so ausschaut:

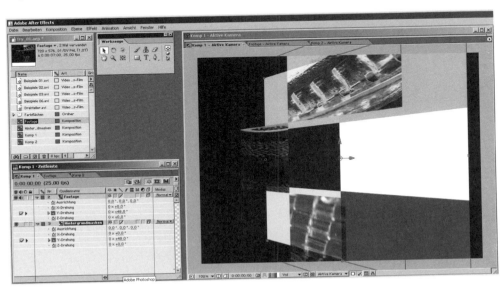

5 Der Feinschliff: Effekte für Ihren Film

6. Animieren und mit Effekt versehen

Durch Anklicken der Stoppuhr neben der Zeilenbezeichnung »Y-Drehung« weiß After Effects, dass diese Parameter über Keyframes animiert werden. Damit das Programm nicht maßlos enttäuscht wird, mach ich das dann auch, indem ich auf den letzten Frame der Komposition gehe und dort für die y-Drehung einen Wert von –11 Grad eingebe.

Der Effekt ist bis hierhin ja schon ganz nett, aber noch ein wenig zu »brav«. Also reduziere ich in der Unterkomposition »Footage« die Transparenz eines jeden Bildes ■. Der gewiefte Abkürzer wird mir jetzt vorwerfen, dass ich das auch für die ganze Unterkomposition hätte einstellen können, aber das ist mir zu unflexibel, da ich für mein Wohlbefinden jede einzelne Bildebene von »Footage« in einer anderen Transparenz sehen möchte. Was also für die Rotation funktioniert hat, klappt hier leider nicht.

> **Transparenz verändern**
> Wenn Sie in der Zeitleiste eine Ebene ausgewählt haben, so können Sie ihre Transparenz durch die Taste [T] anwählen und dann verändern.

7. Typo ergänzen

Als Nächstes möchte ich die Typo plazieren, daher gehe ich nochmals in die Unterkomposition »Footage« und füge drei Ebenen ein, die ich mit den Wörtern »Brauchbare«, »Glas« und »Kunst« in dem Font »Tahoma Bold« betexte. Alle drei Ebenen bekommen eine Transparenz, einen radialen Schatten und außerdem eine Position vor der Footage im 3D-Raum:

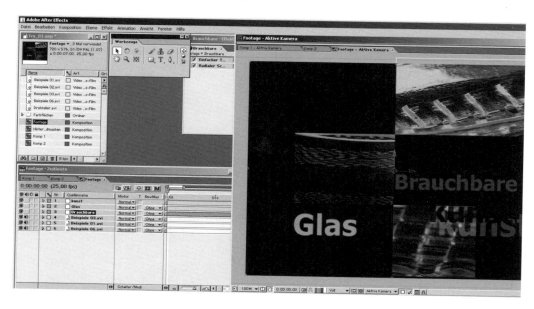

After Effects stellt Ihnen im Menüpunkt EBENE • NEU • KAMERA eine eigene definierbare Kamera zur Verfügung, die Sie fröhlich durch den dreidimensionalen Raum schicken können.

8. Kamera einfügen

Recht hübsch wird die ganze Animation nun durch eine Kamerafahrt in der Hauptkomposition. Dazu füge ich eine neue Kamera ein, deren Bewegung im dreidimensionalen Raum vollständig animiert werden kann. Zunächst wähle ich eine ungefähre Entfernung der Kamera aus, dann lege ich den ersten, den mittleren und den letzten Blickwinkel fest.

Nun kann man auch das Spiel von transparentem Rohmaterial, Typo und Typo-Schatten bewundern.

Ende

Um all das auszurichten, zu arrangieren und zu komponieren, brauchen Sie in After Effects ca. ein bis zwei Stunden. Die Idee zur Lösung der Aufgabe kann deutlich mehr Zeit in Anspruch nehmen. Noch länger dauert es jedoch, wenn Sie ohne Konzept an so eine Aufgabe herangehen. Zu schnell ist dann eine Stunde ausprobiert und verspielt, ohne dass man es richtig gemerkt hat. Das macht zwar riesigen Spaß, solange man keinen Zeitdruck hat, trainiert aber die falsche Vorgehensweise in einem normalen Projekt.

5.7 Multi-Picture: Bilder bis zum Abwinken

Video-Hinweis

Auf der Buch-DVD finden Sie in der Datei effekte.avi die bewegten Beispiele für Multi-Picture-Effekte.

Sie sind die Retter in der Not und in geübten (Cutter-)Händen ein aussagekräftiges Stilmittel: die Bilder aus mehreren Bildern. Es gibt einige Gründe, warum man kein Multi-Picture verwenden sollte – Unübersichtlichkeit, Ablenkung vom Wesentlichen, geringere Bildgröße und damit geringere Informationsdichte. Aber wenn Sie die Multi-Picture-Technik ein paar Mal angewandt haben, werden Sie die meisten Gefahren vermeiden können.

Nehmen wir zum Beispiel im ersten Teil des Gecko-Glass-Films die Situation mit O-Ton über die Glasperlenherstellung und die Montage von Parallelen bei ungefähr TC 01:21:00. Wir sehen einen O-Ton, haben aber noch das Close von der Perle. Diese Stelle könnte man auch anders darstellen, wie der Film effekte.avi ab TC 00:57:18 zeigt.

Abbildung 5.27 ▼
Die Halbnahe links wird nach rechts verkleinert und zieht die Close vom Brenner auf (effekte.avi).

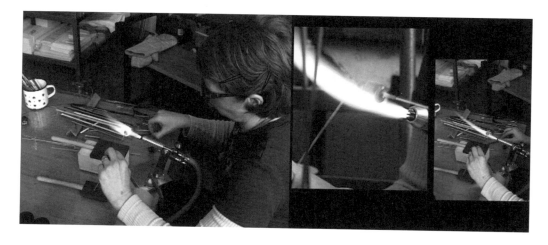

Weil das noch näher geht und näher hier auch besser ist, schneide ich im linken Fenster bei TC 00:01:02:00 nach der Bewegung der Perle aus dem Bild auf die nächste Einstellung:

▲ **Abbildung 5.28**
Wechsel im Fenster

Dichter kann man einen Vorgang kaum noch erzählen. Außerdem bringt meiner bescheidenen Meinung nach der schwarze Hintergrund die Farben noch mehr zur Geltung – sie leuchten nun richtig.

Die Anordnung der beiden Bilder schreiben diese selbst vor: Die bestimmenden Linien von rechts unten nach links oben des rechten Bildes setze ich mit entsprechenden Linien des linken Bildes fort. Wenn man auf solche Linien achtet und vielleicht noch ein wenig mit den Proportionen herumspielt, bis sie passen, ist so eine Bildgestaltung schnell geschmeidig geschnitten. Da leuchtet das blaue Cutter-Auge!

Multi-Picture mit Hintergrund
Wie Sie merken, lege ich solche Bilder sehr oft einfach auf den schwarzen Hintergrund.

Es würde natürlich auch anders gehen, aber dann wird die Gestaltung spürbar aufwändiger, denn wie in Abbildung 5.29 soll es nicht aussehen. Diese originelle Bildkomposition hat ein paar Haken:
▶ Das eigentlich wichtige Bild ist zu klein.
▶ Der Hintergrund lenkt vom Vordergrundbild ab, weil er zu sehr sichtbar bezüglich Größe und Schärfe ist.
▶ Das Vordergrundbild liegt recht unmotiviert drauf.

Also bitte solche Bilder vermeiden.

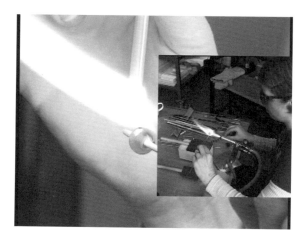

Abbildung 5.29 ▶
Schlechtes Beispiel, gut gemeint

Trotzdem gibt es Situationen, in denen man seine Bilder einfach etwas »aufpeppen« und »schönen« muss, weil das Kameramaterial nicht so viel hergibt. Eine Möglichkeit mit erträglichem Aufwand ist diese:

Abbildung 5.30 ▶
Bildkomposition, besser

Hier ist der Hintergrund etwas verlangsamt, **weichgezeichnet** (Effekt: Gauß'scher Weichzeichner, 9.6 Pixel weit) und dann auf 105 Prozent vergrößert, da sonst die »aufgeweichten« schwarzen Ränder in das Bild ragen. Das Vordergrundbild ist links nicht mehr beschnitten und weiter nach links gerückt, so dass es wichtiger wird und besser zu sehen ist.

Durch die Unschärfe des Hintergrundes hebt es sich nun genügend ab, der Hintergrund dient eher der atmosphärischen Untermalung als einer weiteren Information. So kann man sich besser auf den Vordergrund konzentrieren. Man könnte noch einen Schatten unter das Vordergrundbild legen, gefällt aber mir persönlich nicht so gut, da es sich um ein bewegtes Bild und nicht um ein Foto handelt.

Multi-Picture für Fortgeschrittene
Sehr viel mehr Spielmöglichkeiten bildet die folgende Version, die dann schon fünf bis zehn Minuten Aufwand und zusätzliche Renderzeit kostet:

Effekt nachbauen
Sie können dieses Beispiel nachvollziehen: Schnappen Sie sich die Clips Perle_3.avi vom Band A1 und Perlen_13.avi vom Band B1, und bauen Sie den Effekt nach.

◄ **Abbildung 5.31**
Aufpeppen mit Multi-Picture

Hier habe ich zunächst den Bildhintergrund ausgesucht, weichgezeichnet, vergrößert und kräftig farbkorrigiert. Wegen dieser Bildveränderung kommt vorsichtshalber noch ein Filter für sendefähige Farben hinzu, damit die kräftigen Farben nicht auf einem normalen Fernseher ausreißen und das mühsam gebastelte Bild kaputtmachen.

Zunächst lege ich dann das Vordergrundbild auf eine Videospur darüber, beschneide es oben und unten und rücke es in die Mitte. Leider habe ich beim Beschneiden-und-Skalieren-Effekt von Premiere keine Möglichkeit für einen Rahmen gefunden, also hebe ich das Vordergrundbild noch eine Videospur höher, erstelle mit dem Titel-Tool eine weiße Fläche und lege sie dazwischen. Jetzt sieht man das Vordergrundbild auf einer weißen Fläche, das ist nicht so üppig. Schick wird es erst, wenn ich die obere und untere Kante der weißen Fläche derart beschneide, dass sie über und unter dem Vordergrundbild gleichermaßen herausschaut. So hab ich einen kleinen Rahmen erzeugt, den ich auch noch fröhlich farblich verändern kann, wenn es dem Bild zuträglich ist.

Sie mögen jetzt seufzen oder einen vergleichbaren Kommentar aus der Kiste »Ist das viel Arbeit« ziehen. Aber wenn wir ehrlich sind, ist das leuchtende Zuschauerauge diesen Aufwand lässig wert.

Multi-Picture in Kombination mit anderen Effekten
Multi-Picture kann noch mehr: Im Gecko Glass.avi verwende ich diesen Effekt auch ab TC 08:11:13. Die Schale im Clip Beispiele06.avi wird zeitversetzt passend zum Beat der Musik und in der Vertikalen versetzt reingekeyed. Die Deckung ist animiert, wobei die Endwerte des zweiten und dritten kleinen Fensters immer mehr abnehmen.

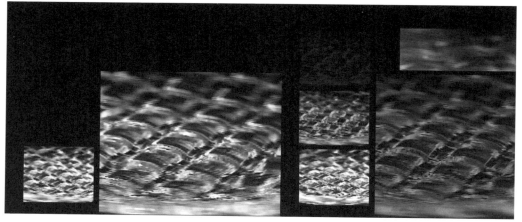

▲ Abbildung 5.32
Bildaufbau zwischen TC 08:12:00 und TC 08:14:00

Damit das Bild nicht schnell langweilig wird, animiere ich Deckungskraft, Helligkeit und Kontrast der linken drei Fenster noch einmal auf die Musik, so dass eine Art Lauflicht von oben nach unten und über das größere rechte Fenster läuft. Das ist keine große Kunst, schnell gemacht und trotzdem effektvoll.

Die Positionierung der Einzelteile im Bild spielt dabei eine wichtige Rolle – ähnlich der Kriterien für den Bildausschnitt bei der Kameraführung.

Ich entscheide mich zunächst für ein Bild, das mir wichtig ist und was mir gut gefällt. Dann überlege ich mir, welche Effekte für dieses

Bild überhaupt in Frage kommen. Im Fall dieser Glasschale passt ein geometrischer Bildaufbau ganz gut, weil ihr gestaltendes Hauptelement der rechte Winkel ist. Also fallen alle Wellen- und Wölben-Effekte weg.

Da der optische Reiz der Schale hauptsächlich in ihrer Struktur und nicht in ihrer äußeren Form liegt, fallen auch alle Struktureffekte wie Strukturkeys, Mosaike, Weichzeichner etc. weg, da diese eine zusätzliche Struktur in das Bild bringen und somit von dem Reiz des Hauptmotivs ablenken würden. Das wäre dann nicht so clever.

Durch einen **Multi-Picture auf Schwarz** hingegen erzielt man eine gewisse optische Strenge: Die Anordnung des großen und der kleinen Bilder erzeugt klare Linien auf dem Bildschirm. Damit diese Linien nicht gitterhaft oder gar langweilig wirken, variiere ich ihre Stärke.

Achten Sie in Abbildung 5.33 auf die Abstände zwischen den einzelnen Bildern: Bei manchen Bildern sind sie gleich, zwischen anderen wieder nicht.

> **Effekt in Premiere nachbauen**
>
> Falls Sie das Premiere-Projekt öffnen können, sollten Sie unbedingt mit den Farbkorrekturen sowohl für den Hintergrund als auch für den Rahmen herumspielen. Es ist schon spannend, wie sehr die Hintergrundfarbe das Vordergrundbild beeinflusst. Kleine Anekdote am Rande: Durch die üppige Farbkorrektur funktioniert eine normale Schwarzblende leider nicht – deshalb liegt am Ende des Clips auf der Videospur Nr. 4 eine mit dem Titel-Tool erzeugte schwarze Fläche, die langsam eingeblendet wird ...

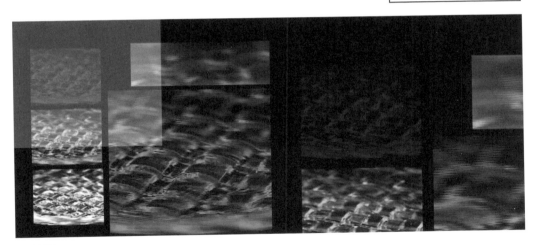

▲ **Abbildung 5.33**
Größenvergleich der schwarzen Linien

Die Abstände zwischen den drei rechten kleinen Fenster sind gleich, damit ein Bildrhythmus entsteht. Die Abstände zwischen dem linken Rand und dem großen Fenster bzw. dem kleinen oberen rechten Fenster jedoch sind unterschiedlich. So entsteht bildlich eine größere Spannung zwischen den einzelnen Elementen.

5.8 Quad-Split

Quad-Split: Variante 1
Ab TC 08:14:24 sehen Sie einen vierfachen Split (auch Quad-Split genannt) in zwei verschiedenen Ausführungen.

Ein und dasselbe Motiv, zwei ähnliche Effekte und doch recht unterschiedliche Resultate. Die ersten 19 Frames der vier Clips wurden auf folgende Weise bearbeitet (die passenden Effekte finden Sie bei Premiere unter VIDEOEFFEKTE • TRANSFORMIEREN).

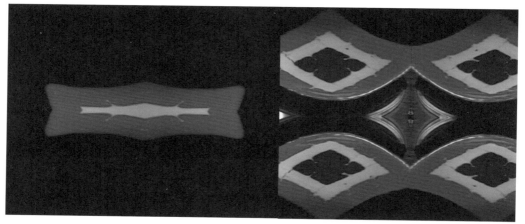

▲ **Abbildung 5.34**
Zwei verschiedene Quad-Splits aus einem Teller

Der Clip auf Videospur 1 wird nur beschnitten – und zwar rechts und unten mit jeweils 49,5 %. Eigentlich sollte man hier einen Wert von 50 % erwarten. Leider erzeugt dies jedoch eine schwarze horizontale Linie, wenn man dies bei allen vier Clips macht – ich vermute, dass das an den Halbbildern liegt. Daher zumindest horizontal 49,5 % nehmen, und gut ist (siehe Abbildung 5.35).

Dann wird der Clip von Videospur 1 auf die zweite, dritte und vierte Videospur kopiert, da er so schon rechts und unten um jeweils 49,5 % beschnitten ist. Der Clip in Videospur 2 soll rechts daneben sein, also wird er horizontal (sprich über die vertikale Achse) gespiegelt.

Unser Clip für links unten (V3) wird nur vertikal gespiegelt, während der Clip Nr. 4 auf der gleichnamigen Videospur vertikal und horizontal gespiegelt wird, so dass er in die rechte untere Ecke passt.

5.8 Quad-Split

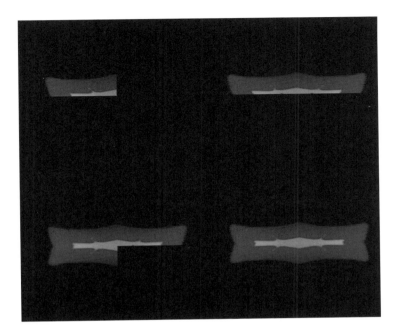

◄ Abbildung 5.35
Die einzelnen Phasen
bis zum Quad-Split

Jetzt haben wir also ein Bild erzeugt, das eigentlich nur aus der linken oberen Ecke eines Bildes besteht. So etwas gibt es bestimmt auch schon in kommerziell vorgefertigten Zusatzeffekten, aber ich baue diesen Effekt lieber selber, da ich dann die Kontrolle über den gespiegelten Bildausschnitt behalte. Das ist noch wichtiger bei der folgenden gespiegelten Version dieses Effektes.

Bei TC 08:15:19 wende ich zwar die Spiegelungen genauso an, aber anstatt zu beschneiden verkleinere ich das Bild auf 80 % der Originalgröße (50 % sähen nicht so schön aus) und verschiebe die Bilder nach rechts oben, links unten und rechts unten.

Video-Hinweis

Auf der Buch-DVD finden Sie in der Datei effekte.avi mehrere Beispiele für Quad-Split-Effekte.

Quad-Split: Variante 2

Einen Quad-Split anderer Spielart sehen Sie als Hintergrund ab TC 08:20:06 (Abbildung 5.36). Dort dient er der Erzeugung eines räumlichen Effektes: Die Vase scheint über einem spiegelnden Boden zu schweben.

Damit die unteren beiden Splits als »Fußboden« erscheinen, habe ich deren Helligkeit erhöht und die Deckkraft vermindert, so dass sie gegen die oberen beiden Splits ein wenig »absaufen«.

Etwas mehr Arbeit macht einem da schon die »schwebende Vase«, die ich mit einem Vier-Punkt-Korrektur-Key fürs Grobe und

203

zusätzlich mit einem Luminanz-Key für die Ränder von der Last ihres Hintergrundes befreit habe. So kann ich sie zum einen durch eine Animation ihrer Position schweben lassen und andererseits ihr Spiegelbild erzeugen.

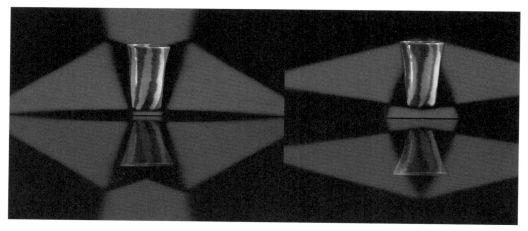

▲ Abbildung 5.36
Quad-Split kann einen Raum erzeugen.

Wann funktioniert der Effekt?
Diese Version funktioniert eindeutig nicht mit jedem Bild und schon gar nicht mit jedem Bildausschnitt. Farben, Kontraste und Perspektive sind entscheidende Faktoren dafür, dass dieser Effekt funktioniert. Probieren Sie ihn also bitte auch mit anderen Bildern aus, aber verwerfen Sie ihn schnell, wenn Sie merken, dass er mit dem gewählten Bild nicht gut aussieht.

Das Spiegelbild können Sie mittlerweile im Schlaf: Kopieren Sie die Vase auf den nächsten Video-Layer, und verringern Sie die Deckung auf 45 %. Wenn Sie sich besonders viel Mühe machen möchten, kippen Sie das Spiegelbild auf ca. 133 Grad, und setzen Sie unter 3D-Effekte-Entfernung zum Bild ein Glanzlicht. Das ist alles kein Geheimnis, nur lustiges Knöpfchendrücken.

Ein gefärbter Quad-Split in After Effects

Bei dem Effekt ab TC 08:22:02 habe ich einen ganz hinterhältigen und fiesen Trick angewandt, um die Timeline übersichtlich zu halten: Ich habe das Rohmaterial (Clip Komp1.avi) in After Effects hergestellt. Damit ernte ich nicht gerade Pluspunkte bei all denen, die kein After Effects besitzen. Ihnen sei gesagt, dass man diesen Effekt auch in Premiere herstellen kann, nur muss man dann immer vier Video-Layer spiegeln und animieren. So können Sie sich einmal ansehen, wie schön dieser Split-Effekt in After Effects zu realisieren ist. Das entsprechende AE-Projekt heißt Effekt01.aep.

Komp1.avi besteht aus einem vervierfachten Teller, dessen Close wir im Bild vorher bereits gesehen haben. Im Stile von Andy Warhol

5.8 Quad-Split

werden drei Ebenen jeweils anders eingefärbt. Über die vierte Ebene läuft sogar noch eine Schale als Key – todschick.

In dem Fenster KOMP1 – ZEITLEISTE in Abbildung 5.37 sehen Sie fünf Video-Ebenen:
1. Ebene 1 ist »Drehteller 06.avi« und bezeichnet das Viertel links unten.
2. Ebene 2 stellt das Viertel rechts oben dar.
3. Ebene 3 (Beispiele 03.avi) ist die als Key verwendete Schale.
4. Ebene 4 ist das betroffene Viertel rechts unten.
5. Ebene 5 ist das Viertel links oben.

Mit dem Effekt FARBTON/SÄTTIGUNG wird hier nur der **Standardfarbton** verschoben, sozusagen im Farbkreis gedreht. Gleiches geschieht mit den Ebenen 1 und 2, wobei ich bei beiden noch an der Sättigung gedreht habe – nichts wirklich Aufwändiges.

> **After Effects**
> Auch auf die Gefahr hin, dass ich Sie langweile: After Effects ist schlichtweg **das** 2D-Effektprogramm der Wahl. Wenn Sie mit Premiere oder Photoshop arbeiten, kennen Sie den »Look« ja schon, und auch sonst ist nach kurzer Eingewöhnungszeit alles am richtigen Platz. Sollten Sie also die Chance sehen, sich in After Effects einarbeiten zu können – tun Sie's. Nein, ich bekomme dafür leider keine Tantiemen.

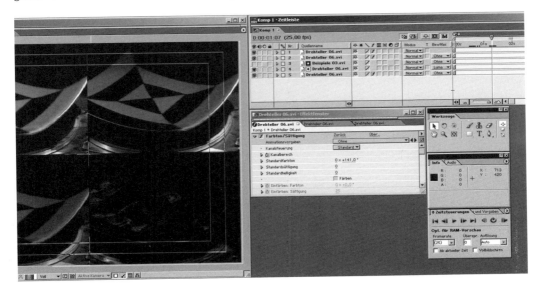

▲ **Abbildung 5.37**
After Effects macht vieles leichter und schöner.

Der Effekt für das Viertel rechts unten besteht aus zwei Ebenen: der Ebene für den Teller (hier keine Farbkorrektur) und einer für die Bewegungsmaske. Damit die Maskenebene unseren Teller nicht überdeckt, wird sie ausgeschaltet, indem das Auge-Symbol links neben der Ebenennummer ausgeschaltet wird. Dann muss in der Spalte

»BewMas« der Schalter für die Ebene 4 auf LUMA MATTE gesetzt werden.

Das war's. Fertig. Mehr ist mit dem Bild nicht zu tun. Das verlustfrei gerenderte AVI ist sofort in Premiere einzusetzen und weiterzubearbeiten.

5.9 Weitere Effekte

Spiegeln

Um noch mehr Schwung in den doch sehr streng geometrischen Teller zu bekommen, entscheide ich mich ab TC 08:24:01 für einen ähnlichen, aber doch anderen Effekt: Spiegeln. Hatten wir bisher auch, aber nur im statischen Sinne. Der Spiegeln-Effekt von Premiere ist in der Zeit animierbar. Er gehört zu den Video-Effekten im Bereich VERZERREN, und neben dem Mittelpunkt des Effektes kann man auch den Spiegelwinkel über die Zeit verändern, und genau das ist das Spannende.

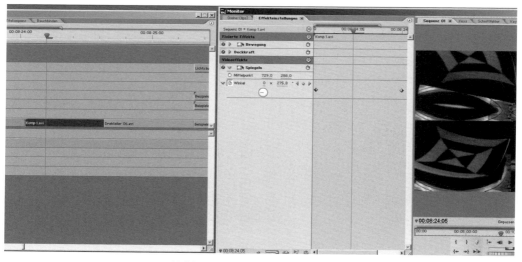

▲ **Abbildung 5.38**
Wenig Arbeit und viel Action mit einem Effekt

Wie Sie sehen, animiere ich den Winkel der Spiegelung derart, dass er innerhalb von 10 Frames 1 ¼ Umdrehungen macht. Damit erzeuge ich eigentlich auf jedem einzelnen Frame ein neues Bild – einschließlich eines Schwarzframes, der mir aber an der Stelle ganz gut gefällt, weil er zur Musik passt. Zehn Bilder mit zwei Keyframes – mehr kann man wohl kaum verlangen.

Der nächste Effekt ab TC 08:24:16 gehört in die Abteilung **Zeiteffekte**, daher möchte ich mit seiner Besprechung einen Abschnitt lang warten. Bemerkenswert ist allerdings, dass wir jetzt schon seit 5 (fünf!) Sekunden fast ausschließlich ein und dasselbe Bild benutzen: den Teller aus Drehteller 07.avi. Das ist für eine grafische Montage eine sehr lange Zeit und nur dadurch möglich, dass man es effekttechnisch ziemlich krachen lässt.

Lichtsäule: Multi-Picture-Variante 3

Ab TC 08:25:08 sehen Sie einen alten Bekannten: Multi Picture bis zum Abwinken. Zugegeben, da wird an ein paar Reglern gedreht, aber eigentlich nichts, was Sie nicht schon kennen (und auch können!). Gehen wir einmal die einzelnen Schritte durch, aber legen Sie bitte das Buch neben den Computer, um den Film gleichzeitig abspielen zu können. So sehen Sie auch bewegt, was ich hier nur in Standbildern festhalten kann.

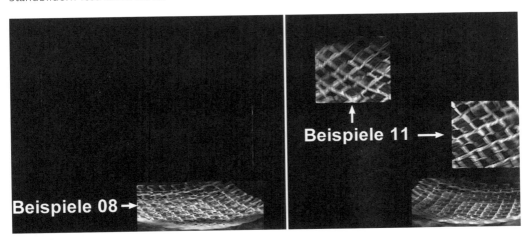

▲ **Abbildung 5.39**
TC 08:25:08 bis 25:19

Rechts unten geht es mit dem Clip Beispiele 08.avi los. Darüber füge ich zweimal Beispiele 11.avi ein, indem ich beim oberen Fenster den rechten Rand und beim mittleren Fenster den linken Rand aufziehe. Wenn beide Fenster in der gleichen Größe übereinander liegen, ziehe ich oben den linken Rand und in der Mitte den rechten Rand zu.

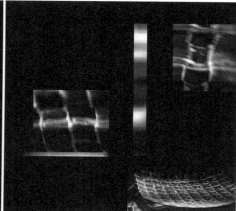

▲ Abbildung 5.40
TC 08:27:05 bis 27:11

Ab TC 08:27:06 liegt unter den beiden Clips Beispiele 11.avi ein weiterer Clip namens Lichtsäule 02.avi. Dessen Fenster ist so beschnitten, dass die Kante genau unter den beiden sich zuziehenden Fenstern liegt. Dadurch ziehen die beiden Beispiele 08-Clips also bis zum TC 08:27:11 unsere Lichtsäule auf und verschwinden danach links bzw. rechts. Der Zeitpunkt hierfür wird von einem Schlag der Musik bestimmt.

Nur um Klarheit zu schaffen: Die Bildinhalte werden nicht in ihrer **Position** animiert, nur ihre **Grenzen** werden verschoben. Damit die Lichtsäule nicht so ganz alleine in der Gegend herumsteht, ziehe ich auf ihrer linken und rechten Seite jeweils ein weiteres Fenster auf:

Abbildung 5.41 ▼
Die Fenster zwischen
TC 08:27:21 und 27:24

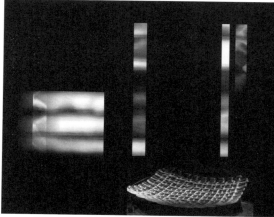
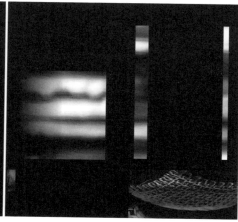

Beide Fenster haben den Clip Lichtsäule 02.avi als Inhalt. Das linke Fenster wird von unten nach oben aufgezogen, das rechte von links nach rechts. Bis hierhin habe ich über dem Grundbild rechts unten jede Menge Wirbel veranstaltet, also muss nun etwas im unteren Drittel passieren. Dazu fahre ich ein Fenster von links nach rechts durch unser Bild:

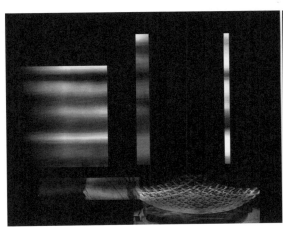 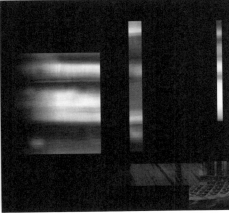

▲ **Abbildung 5.42**
TC 08:29:03 bis 29:21

Darf ich vorstellen: Clip Lichtsäule 03.avi gibt sich die Ehre.

Da sich rechts Beispiele 11.avi gerade verabschiedet hat, verwende ich seine Videospur. Lichtsäule 03.avi bekommt noch eine fröhlich rote Farbkorrektur auf den Weg, und schon schiebt sie sich durch das Bild. Da wir unsere Schale rechts unten bereits von allen Seiten kennen, verwende ich ein Strukturdetail von Lichtsäule 03 als optischen Grund, um Beispiele 08.avi von links nach rechts aus dem Bild zu räumen, sprich die linke Seite immer mehr zu beschneiden (siehe Abbildung 5.43).

Schauen Sie es sich einmal genau im Film an: In dem Moment, in dem diese senkrechte Linie von Lichtsäule03 über Beispiele 08 zieht, wird die linke Kante von Beispiele 08 kontinuierlich nach rechts beschnitten, bis der Clip ganz verschwindet. Das ist ja auch Sinn der Sache.

Während hier also fröhlich von links nach rechts geschoben und geschnitten wird, lasse ich fast am rechten Bildrand ein neues Fenster wachsen – Lichtsäule 07.avi kommt ins Spiel.

Durch die Animation von Lichtsäule 03 und Beispiele 08 ist die Aufmerksamkeit des Zuschauers sowieso auf den rechten Teil des Bildes gerichtet, also darf dort nun der neue Clip (Lichtsäule 07) von oben runter wachsen.

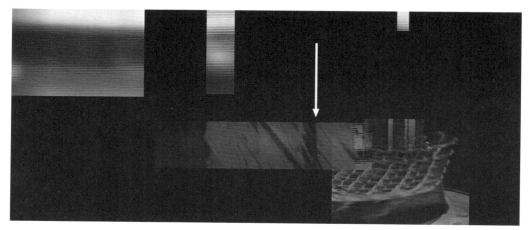

▲ **Abbildung 5.43**
Der Grund für die Animation des Hauptbildes liegt in dieser Struktur.

Abbildung 5.44 ▼
Und noch ein Fenster:
TC 08:29:21 und 31:09

Das klingt jetzt alles sehr kompliziert, ist es aber nicht. Wenn Sie die Animation Schritt für Schritt verfolgen, werden Sie sehen, wie simpel die Effekte eigentlich sind.

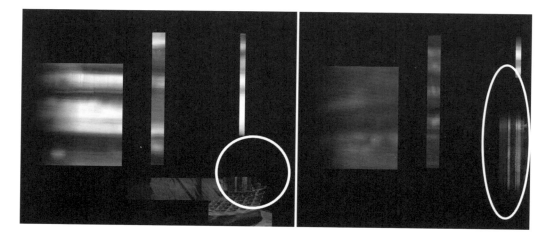

Auch hier eine freundliche Farbkorrektur, und mit der oberen Kante wird auch das darüber liegende Fenster weg animiert.

Blitz
Bei TC 08:31:12 gibt es einen ordentlichen Impuls seitens der Musik. Dieser »Klatscher« ist nicht nur Grund genug für einen harten Schnitt vom Multi Picture zum Vollbild, sondern auch für einen kleinen Blitz.

Das Vollbild aus dem Clip Beispiel 09.avi bekommt eine kräftige Animation in den Abteilungen **Helligkeit und Kontrast** sowie **Tonwertangleichung**, und zwar von recht hell auf normal. Gleichzeitig enthält der Clip eine Zufahrt und einen leichten Defokus (sprich Weichzeichner) auf ein Detail der Glasschale. Diese Kamera-Effekte nehme ich natürlich nur zu gerne mit.

Das knackige Musikende bei TC 08:35:00 ruft deutlich nach einem knackigen Bildschluss. Ich verwende daher wieder einen Blitz. Dazu werden die Regler für Helligkeit, Kontrast und Tonwertangleichung noch einmal bemüht, um die entsprechenden Keyframes zu setzen.

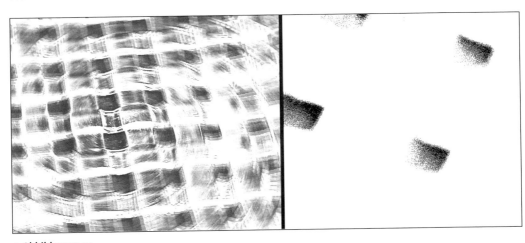

▲ **Abbildung 5.45**
Die letzten Frames unseres kleinen Films

Um den »Blitz« noch zu verstärken, schneide ich danach hart auf Schwarz und lasse die Musik einfach und wirkungsvoll ausklingen. So machen Effekte Spaß.

Multiplizier-Effekt

Nach der Konstruktion einer solchen Strecke empfehle ich jedem, eine halbe Stunde lang etwas ganz anderes zu tun, um ein wenig Abstand zu gewinnen. Schauen Sie sich erst danach den Teil noch einmal an, und verbessern Sie Kleinigkeiten. In diesem Fall hier habe ich mich entschieden, das letzte Multi-Picture-Bild ab TC 08:25:08 mit einem weiteren Effekt zu versehen, um das Spiel der Schale zwischen Hell und Dunkel zu verstärken.

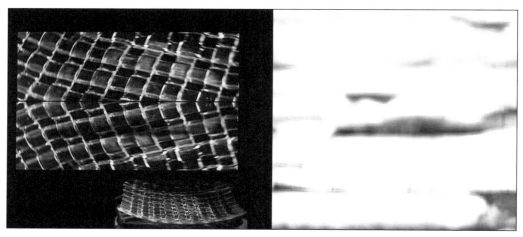

▲ **Abbildung 5.46**
Das Bild rechts wird mit dem linken multipliziert.

Der Multiplizier-Effekt generiert dabei »einfach« neue Farbhelligkeitswerte für jedes Pixel. Ein Pixel hat für jede der drei Farben Rot, Grün und Blau die Möglichkeit, 256 verschiedene Werte anzunehmen, von null bis 255. Für jeden Farbkanal eines jeden Bildpunktes werden diese Werte miteinander multipliziert. Daraus entsteht eine Zahl, die weitaus größer ist als alles, was ein Pixel als Rot-, Grün oder Blauwert so haben darf.

Damit jetzt nicht einfach lauter weiße Pixel entstehen (bei 255 ist ja Schluss, und die RGB-Werte (255, 255, 255) entsprechen reinem Weiß), wird zum Schluss dieser Wert durch 255 geteilt. Das Ergebnis ist der neue R-, G- oder B-Wert, der auf jeden Fall kleiner oder gleich 255 ist. Was also in den meisten Fällen nach der Multiplikation bleibt, ist die **Struktur** der beiden Bilder. Einzige Ausnahme stellen jene Bildteile dar, wo eines der beiden Originalbilder schwarz

(R = 0, G = 0, B = 0) ist. Dort bleibt es auch weiterhin Schwarz – weil mit null multipliziert wurde.

Diesen Umstand mache ich mir hier zunutze – ich kann den Clip Lichtsäule 02.avi über unser Multi-Picture legen, ohne die Schwarzanteile des Bildes zu verändern. Die Fenster jedoch bekommen alle einen Hauch der Struktur von Lichtsäule 02.avi verpasst.

Die Datei Lichtsäule 02.avi enthält einen Abschwenk einer – als wenn Sie es schon geahnt hätten – Lichtsäule. Dabei habe ich die Schärfe auf dem unteren Teil des Abschwenks eingestellt und dann von oben nach unten langsam (und leider nicht sehr gleichmäßig) abgeschwenkt.

▲ **Abbildung 5.47**
Lichtsäule und Detail

Die Säule besteht aus vielen quadratischen Glasplatten, die leicht unregelmäßig übereinander geklebt wurden. Wenn man das Objekt von oben nach unten abschwenkt, erhält man sehr schöne kontrastreiche Strukturen, die sich von unten nach oben bewegen. Solche Bilder eignen sich grundsätzlich hervorragend für schöne Keys und Hintergründe, zum Beispiel kann man Bauchbinden-Hintergründe mit solch einem Clip einfach und schön animieren.

5.10 Zeiteffekte

Einen der Effekte unserer grafischen Montage habe ich noch nicht erklärt, weil er unter eine andere Effekt-Kategorie fällt: Das Echo.

Echo
Echo nennt man einen Effekt, der das gleiche Bild über sich selbst legt – nur halt mit einem zeitlichen Versatz. Das kann bei Bewegungen durchs Bild sehr hübsch aussehen, es entsteht dann ein »Nachzieh-Effekt«. In unserem Beispiel zwischen TC 08:24:16 und TC 08:25:07 habe ich ihn aber als Bild-Doppler verwendet.

Abbildung 5.48 ▶
Zeitliches Echo eines Bildes

Der Zeitabstand zwischen den beiden Bildern (und somit auch die Effekteinstellung) beträgt 1,56 Sekunden. Da die Kamera ruhig steht, sieht man den zeitlichen Unterschied eigentlich nur am Teller selbst – und so soll es auch sein.

Zeitlupe und Zeitraffer
Zeitlupe und Zeitraffer sind oft verwendete Effekte, die bei zu kurzen oder zu langen Bildern helfen. Außerdem kann eine Zeitlupe auf einem Riss oder einen Reiß-Zoom sehr dynamisch aussehen, weil man die Bewegungsunschärfe besser sehen kann. Wenn es zur Musik passt, darf die Zeitlupe dann auch so langsam sein, dass die Interpolation zwischen den einzelnen Frames versagt und die Bilder ruckeln – das hat dann schon fast was vom Jump Cut.

Reiß-Zooms

Leider sind Reiß-Zooms, d. h. Zooms, die so schnell sind, dass nur das Zentrum des Zooms scharf bleibt, während alles andere durch die Bewegungsunschärfe (auch **Motion Blur** genannt) unscharf wird, fast nur mit der Hand herstellbar und somit eine Domäne der Profi-Objektive, deren Brennweite man mit der Hand einstellen kann. In so einem Fall kann man sich auch mit einem radialen Weichzeichner helfen (siehe Abbildung 5.49).

◀ **Abbildung 5.49**
Radialer Weichzeichner auf Zoom

Der einzige Nachteil hier ist die benötigte Renderzeit. Ein radialer oder strahlenförmiger Weichzeichner bedeutet viele Rechenschritte, die je nach Ausstattung des Rechners verhältnismäßig viel Prozessorzeit verschlingen.

Allzu oft würde ich diesen Effekt aber eh nicht anwenden (außer – wie immer – wenn er ein Stilmittel darstellt), so dass man die lange Rechenzeit in Kauf nehmen darf. Dafür erhält man dann aber auch einen Effekt, der eine (Kamera-)Bewegung deutlich unterstreicht, wenn man ihn geschickt einsetzt.

Schauen Sie sich den Effekt in der Datei effekte.avi an – da ist die Zufahrt auf die Schale fein. Der radiale Weichzeichner liegt auf dem Clip – mit einem dem Bild angepassten Zentrum (auf der Schale). Und dann ist noch eine Skalierung drauf – warum? Weil der Weichzeichner-Effekt sonst nicht mit dem Zoom übereinstimmen würde, d. h., die »Kamerabewegung« würde nicht zum Effekt passen und ihn somit unnötig als künstlich entlarven.

Natürlich ist das Endbild aufgrund der starken Vergrößerung viel zu pixelig, um schön zu sein. Aber bei einem so dynamischen Effekt darf man wohl auch dynamisch (sprich schnell) schneiden, so dass dieses Bild nicht länger als ein Frame steht. Besser ist das.

5.11 Filmeffekte

> **Video-Hinweis**
>
> Ein Beispiel für den Film-Effekt finden Sie in der Datei Effekte.avi auf der Buch-DVD.

Immer wieder gern gesehen wird der Zelluloid-Effekt. Dabei muss das Material verschlechtert werden, um besser auszusehen. Denn:

1. Zelluloid hat eine sichtbare **Körnung**. Je älter und je schmaler der Film, umso stärker ist das Korn. Lichtempfindlichkeit und Entwicklung bestimmen ebenfalls die Stärke des Korns und seine Sichtbarkeit.
2. Die Prozesse der Zelluloid-Bearbeitung und -Wiedergabe hinterlassen **Kratzer** auf dem Material.
3. **Staub und Haare** bleiben durch die elektrostatische Aufladung gerne daran hängen.
4. Während des Schnitts werden immer wieder **Markierungen** gebraucht, die in den Ecken als Drei- oder Vierecke oder Kreise kurz auftreten.
5. Die alten Projektoren haben den Film immer wieder kurz horizontal oder vertikal **versetzt**.
6. Oft gibt es einen Hell-Dunkel-Hell-Rhythmus bei der Wiedergabe.
7. Film hat ein **Seitenverhältnis** von 16:9, das erzeugt die malerischen schwarzen Balken auf einem 4:3-Fernseher.
8. Die älteren Farbfilme hatten gerne einen **Rotstich**.
9. Die noch älteren Filme waren **schwarz-weiß**.
10. Die ganz alten Filme haben aufgrund der Alterung des Materials einen **Sepia-Ton**.

Das soll keine Liste der Gründe sein, warum Video besser als Film ist. Im Gegenteil: Alle diese »Fehler« erzeugen eine ganz bestimmte Atmosphäre, die auch im digitalen Videobereich nicht ersetzbar ist. Manche Video-Aufnahmen wirken derartig klinisch, dass sie kaum zu ertragen sind. Wenn Sie also eine Szene haben, die einen Filmeffekt rechtfertigt, können Sie entweder ein entsprechendes Plug-In verwenden oder den Effekt selber herstellen. Wie realistisch der Effekt sein soll, ist dabei Ihnen, Ihrer Geduld und der Aussage des Films überlassen.

Filmeffekt analysieren

Wenn Sie sich den Clip effekte.avi ab TC 01:39:10 Frame für Frame anschauen, werden Sie die folgenden Elemente finden.

Zunächst einmal bekommt der Clip eine komplette Bildkorrektur bestehend aus 16:9-Balken, grober Körnung, Größen- und Farbkorrektur. Dabei wird Folgendes verändert:

1. Sättigung (*Saturation*) wird auf 0 gesetzt, dadurch wird das Bild schwarz-weiß.
2. Der Kontrast wird erhöht.
3. Erhöhung des Gamma-Wertes für Rot um 10 % – damit werden in dunklen Bildbereichen die Details leicht rot eingefärbt, was ein dunkles Braun ergibt.
4. Verstärkung von Rot um 30–40 %
5. Verstärkung von Grün und Blau um ca. 20 % (das ergibt dann zusammen mit Rot den Sepia-Effekt)
6. Austastwerte von Grün und Blau vermindern, damit die dunklen Bildflächen braun bleiben.
7. Videobegrenzer aktivieren oder Effekt LEGALE FARBEN anwenden, damit das Rot nicht auf dem Fernsehschirm ausreißt.
8. Die Größe (*Size*) wird auf 105 % skaliert, damit horizontale Bildbewegungen keinen Rand erzeugen.
9. Keyframe für die Originalposition wird gesetzt.
10. Eine Körnung wird auf den Clip gelegt (z. B. HSL-Störung).

Oben und unten wird das Bild von schwarzen Balken eingefasst, indem man zwei schwarze Flächen jeweils oben und unten entsprechend beschneidet. Zwischen den Balken und dem eigentlichen Clip muss aber **mindestens** eine Videospur frei bleiben ∎.

Einige dieser Bildkorrekturen wollen wir Ihnen nun ausführlicher beschreiben.

> **Platz für Experimente**
>
> Die Videospur über dem eigentlichen Clip ist für Gimmicks reserviert – wer sich hier austoben möchte, sollte gleich lieber zwei Videospuren einplanen.

Schnittmarke erzeugen

In der Ecke links oben von Bild 5.50 umrahmt ein Kreis eine Schnittmarke in Form eines Dreiecks. Dieses Dreieck können Sie zwei Frames lang einblenden.

Nehmen Sie eine weiße Fläche (Titelgenerator), und formen Sie sie zu einem Dreieck – zum Beispiel mit einer 4-Punkt-Korrekturmaske –, und platzieren Sie das Dreieck in eine der oberen Ecken. Solche Schnittmarken sieht man immer wieder vor und nach Schnitten und Blenden.

5   Der Feinschliff: Effekte für Ihren Film

Abbildung 5.50 ▶
Kopiermarke, TC 01:39:14

Wenn Sie Blenden im Film verwenden, müssen Sie vor der Blende den Clip von einem zum anderen Frame etwas heller machen. Das liegt daran, dass Filmblenden im Kopierwerk früher durch wirkliches Aufblenden des neuen Bildes über das alte Bild realisiert wurde. Erst dann wurde das alte Bild (also A-Roll) abgeblendet. Diese Blende nennt man auch additiv. Auch der geblendete Teil des B-Roll ist während der Blende zu hell einzustellen und nach der Blende schlagartig auf den korrekten Wert einzustellen.

Bitte erschrecken Sie nicht über so viele Details – wenn Sie einmal damit angefangen haben, einen Effekt zu analysieren, lässt er Sie erst einmal nicht so schnell wieder los. Und ein guter Effekt braucht meist auch mehr Zeit als ein schlechter. Die Ansicht, dass die meisten Zuschauer die Qualität eines solchen Effektes nicht bewerten können und Feinheiten wie Kopiermarken nicht sehen, kann ich gut verstehen. Ich bin mir aber sicher, dass solche Details wesentlich zum Look des Films beitragen und auch von ungeübten Zuschauern zumindest unbewusst wahrgenommen werden.

Kratzer
Der nächste Gimmick ist ein Kratzer. Obwohl bei Kratzern nichts über das Original geht, kann man hier recht einfach solch eine Störung simulieren.
1. Schneiden Sie eine zwei Frames lange weiße Fläche in die freie Video-Spur.
2. Beschneiden Sie die Fläche links und rechts dergestalt, dass nur noch ein haarfeiner dünner weißer Strich zu sehen ist.
3. Beschneiden Sie die weiße Linie auf dem ersten Frame so von unten, dass sie nur noch etwa zu einem Drittel zu sehen ist.

4. Stellen Sie auch auf dem ersten Frame einen Keyframe für die Position her.
5. Gehen Sie auf den zweiten Keyframe des Kratzers.
6. Ziehen Sie die untere Beschneidung so auf, dass er gut zu sehen ist.
7. Ändern Sie – wenn Sie möchten – die Breite dadurch, dass Sie die Beschneidung der linken oder rechten Seite etwas reduzieren.
8. Verändern Sie die horizontale Position des Kratzers ein wenig.

▲ **Abbildung 5.51**
Animierter »Kratzer« zwischen TC 01:40:16 und TC 01:40:17

▲ **Abbildung 5.52**
Kratzer von unten nach oben und in Stärke und Position animiert, TC 01:42:11 bis 01:42:17

So entsteht in wenigen einfachen Schritten eine kleine, aber feine senkrechte Bildstörung, die das Bildmaterial »gebraucht« aussehen lässt.

Haare

Wenn Sie sich weiterhin Mühe geben möchten, gönnen Sie Ihrem alten Film ein Haar.

Mein Haar sieht zwar eher aus wie ein Fussel, aber wenn Sie nur einen kurzen Clip altern lassen möchten, reicht er Ihnen vielleicht. Er ist in der Datei mit dem originellen Namen Haar.tif auf der Buch-DVD zu finden. Vielleicht einigen wir uns auf die Bezeichnung Haarfussel?

▲ **Abbildung 5.53**
»Haar«, mit leicht animierter Position, TC 01:42:08 bis TC 01:42:10

 Ein Haar simulieren mit Photoshop

1. Datei anlegen — Erstellen Sie eine Datei mit der Bildgröße 720 x 576 Pixel und 72 dpi und weißem Hintergrund.

2. Kanal erstellen — Wählen Sie in dem Fenster KANÄLE die Funktion NEUER KANAL, es wird ein Kanal namens »Alpha 1« angelegt, das Bild wird dann schwarz.

3. Haare erstellen — Malen Sie einen offenen und unregelmäßigen Kringel in die Mitte des schwarzen Kanalbildes, so um die 4 Pixel dick. Wählen Sie nun die RGB-Ansicht der Datei ([Strg]/[⌘] + [^]). Sie sehen nun wieder nur Ihren weißen Hintergrund. Speichern Sie den Kringel als »Haar.tif« zusammen mit seinem Alpha-Kanal (Kästchen neben ALPHA-KANÄLE abhaken).

Basteln Sie sich auf diese Weise ruhig verschiedene Haarkringel, damit es nicht so auffällt, dass sie künstlich sind.

Importieren Sie die Tiff-Datei in Ihr Schnittprogramm. Legen Sie das Bild für zwei oder drei Frames über Ihren Clip (und unter die schwarzen Balken). Verändern Sie die Größe und die Position des Haares derart, dass es auch als solches durchgeht. Animieren Sie über die Dauer des Haar-Clips die Position ein wenig.

4. Photoshop-Datei importieren

Natürlich können Sie auch ein und dasselbe Haar öfters verwenden. Rotieren Sie es aber zwischendurch etwas, damit es nicht zu langweilig wird. Ansonsten sind mehrere Haare – vielleicht noch mit etwas malerischen Staubkörnern verbunden – natürlich abwechslungsreicher.

Ende

Film-Rüttler

Das gilt auch für den »Film-Rüttler« am Ende des Films ab TC 01:43:08. Hier wird das Bild durch leichte Positionsveränderungen immer wieder für ein bis zwei Frames »durchgerüttelt«.

Damit man das ungestraft machen kann, habe ich die Bildgröße auf 105 % der ursprünglichen Größe gesetzt. Oben und unten kann zwar wegen der dicken schwarzen Balken nichts passieren, aber zumindest links oder rechts würden sonst durch die Bewegung schwarze Ränder entstehen, was ich als eher hässlich (und in meiner Cutter-Ehre als Hinweis auf unverzeihlichen mangelnden Enthusiasmus) empfinde.

Vorsicht beim Einsatz!

Grundsätzlich würde ich solche Gimmicks nur sehr kurz und vorsichtig einsetzen, sonst wirken sie schnell künstlich und erzeugen das genaue Gegenteil einer Atmosphäre: Künstlich wirkt oft klinisch, und klinisch ist nicht schön.

▲ **Abbildung 5.54**
Ein Weißblitz simuliert einen Kamera-Ausschalter zwischen TC 01:43:15 und TC 01:43:17.

> **Wiederverwertung**
>
> Noch ein Tipp für die Abteilung Filmeffekte und ähnlich aufwändige Key-Effekte: Wenn Sie nicht immer alle Clips hin und her kopieren möchten, legen Sie die weißen kleinen Keys auf eine schwarze Fläche, lassen Sie sie als eigene Sequenz als AVI-Datei rendern, und importieren Sie den daraus resultierenden Clip als Key für weitere »alte Filmstücke«.

Zum krönenden Abschluss unseres Filmeffekts gehört noch ein charmanter Kamera-Ausschalter, der sich auf Zelluloid durch einen kleinen **Weißblitz** bemerkbar macht.

Diesen Weißblitz stelle ich auf der Clipseite durch eine entsprechende Anhebung der Bildhelligkeit her. Da mir diese Korrektur aber nicht ausreicht, lege ich für den letzten Frame noch eine leicht transparente weiße Fläche mit einer Deckkraft von 75 % über den Clip.

5.12 Maßvoller Effekteinsatz

Nicht, dass ich etwas gegen Effekte habe. Nein, nein, schauen Sie sich das vorherige Kapitel noch einmal an, das hat doch richtig Spaß gemacht! Wenn ein Film krachen soll, lassen Sie es krachen! Nur – Effekte um ihrer selbst willen zu erzeugen bereitet mir ein gewisses Grausen.

Der absolute No-No ist dabei der **Umblättern-Effekt**. In der Werbung zum ersten Mal von einer großen Erfrischungsgetränke-Firma benutzt, hat man in den 80er-Jahren dieses Umblättern so oft gesehen, dass es sich völlig abgenutzt hat. Wenn Sie ein Schildchen »Dies ist ein Amateur-Video« an irgendeine Ecke des Films festmachen können, dann an die mit dem Umblätter-Effekt. Natürlich gibt es Ausnahmen, aber die sind selten. Besonders gruselig wird es, wenn Personen herein- oder herausgeblättert werden – was sagt dieser Effekt dann aus? Sind die Leute wie Blätter im Wind? Unbeschriebene Blätter? Haben sie die Blattern? Sie verstehen das Problem …

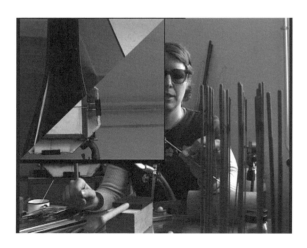

Abbildung 5.55 ▶
Ein Mensch wird umgeblättert. Gruselig.

Auch die **16:9 – Balken** sieht man unmotiviert oft. Wenn eine Szene inszeniert und filmisch umgesetzt ist, passen sie prima. Auch Szenen, die Kinofilme zitieren oder Anspielungen darauf sind, gehören gerne »bebalkt«. Aber wenn die Bilder einer Reportage über den Hausbau Filmbalken tragen, sollten diese besser eine Holzmaserung als Struktur tragen. Dann würde ich sie ja wenigstens noch verstehen, auch wenn das wahrscheinlich nicht wirklich gut aussehen würde.

Denken Sie bitte bei **Farbkorrekturen** und der Verwendung der Kontrast-, Sättigung- und Helligkeitsregler, dass manchmal auch noch die Dinge im Schatten erkennbar sein sollten. Plakativ und bunt kann ja sehr schön und nützlich sein, aber Farben und Kontraste bis zum Anschlag lassen das Auge schnell ermüden, da keine Abwechslung und vor allem keine dunklen Details (sprich Strukturen) mehr zu sehen sind.

Effekte sind natürlich immer da **angesagt**, wo das Kameramaterial nicht ausreicht. Entweder man benutzt die Effekte, um das Material aufzupeppen oder um Schnittprobleme zu lösen (siehe auch Kapitel 4). Sehr nützlich bei solchen Aufgaben sind die Effekte Vergrößern, Radialer Weichzeichner (für mehr Tempo), Beschneiden, Farbkorrekturen und jede Menge Keys zum Verzieren und Verblüffen.

Um zu verstehen, wie ein Effekt funktioniert, ist der Regler am Anschlag eine gute Hilfe. Für den Effekt selber ist er es nicht unbedingt. Wenn Sie bewegte Effekte verwenden, achten Sie darauf, dass die Effektanimation möglichst eine Begründung hat. Soll heißen, wenn ein Motorrad von links nach rechts durchs Bild wischt, dann sollte der anschließende Effekt auch ein Wischen von links nach rechts sein. Und zwar charmanterweise genau so, dass der Wischer immer nur ein paar Fernsehspalten hinter dem Motorrad bleibt. Dann versteht man den Effekt auch und kann sich darüber freuen.

6 Das Ende des Films

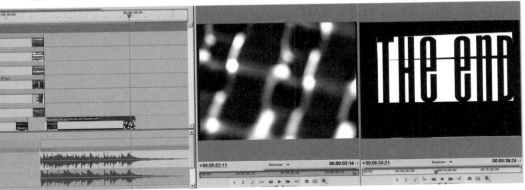

Feinschliff für den guten Videofilm

Sie werden lernen:
- Wie Sie mit etwas Feinschliff einen guten Film erstellen.
- Wie Sie einen Film kürzen, um Tempo zu erzeugen.
- Wie Sie einen zu kurzen Film mit einigen Tricks verlängern können.

Genug ist genug – oder: Ist der Cutter zufrieden, freut sich der Mensch. Ein Film – und sei er noch so kurz – tendiert dazu, nie fertig zu werden. Man kann ja immer noch so hier und da ein wenig verbessern, den Ton glätten, ein Bild farbkorrigieren, an Effekten feilen ...

Um das zu umgehen, legt man normalerweise einen Termin fest, zu dem man seinen Film fertig haben möchte. Oder man bekommt einen gestellt. Aber irgendwie scheint eine solche zeitliche Vorgabe relativ zu sein, wobei man den Grad der Relativität an der Verfärbung der Haut unter den Augen des Editors recht einfach erkennen kann ...

6.1 Feinschliff

Grundsätzlich ist es klüger, Fehlerkorrekturen oder Verbesserungen an einem Film dann vorzunehmen, wenn man den **Bedarf sieht**. Der Cursor ist an der richtigen Stelle der Timeline, warum also später noch suchen? Jetzt sind Sie in der Materie drin, warum also noch zwei Wochen oder auch nur zwei Stunden warten? Lösen Sie Schnittprobleme dann sofort, wenn Sie die Möglichkeit dazu haben.

So merkwürdige Probleme wie das Erstes-Bild-Problem kann man nach hinten schieben, weil es sich fast von selbst löst. Auch ein Anschlussproblem ist eine Hürde, deren Höhe manchmal mit etwas mehr Anlauf sinkt. Aber wenn Sie sehen, dass Ton- oder Farbkorrekturen nötig sind, führen Sie diese ruhig sofort durch. Sollte jemand neben Ihnen sitzen und unruhig werden – so viel Zeit muss sein.

Nicht nur nach dem allerletzten Schnitt kann man sich seinen Film anschauen, sondern auch zwischendurch, immer wieder. Dann sieht man schon, wo es noch hakt. Und dann sollten Sie auch auf diese Stolperstellen eingehen. So entsteht nach zwei oder drei Durchgängen ein flüssiger Film, der keine unangenehmen Überraschungen mehr für Sie bereithält.

Manchmal muss man sich durchbeißen. Kein Film schneidet sich vollständig wie Toastbrot. Es gibt immer mindestens eine Stelle, die problematischer ist als die anderen. Gehen Sie die Stelle aggressiv an, probieren Sie aus, und spielen Sie herum. Wenn es nicht anders geht, tauschen Sie komplette Bildfolgen aus. Aber einen Schnittfehler kann man eigentlich nicht stehen lassen – es gibt höchstens eine Entschuldigung, die das rechtfertigt: Der Film wird in so kurzer Zeit hergestellt, dass man Fehler in Kauf nehmen **muss**. Dann versuchen

Sie zu übertünchen und zu verstecken, wo und was nur geht, aber schauen Sie eher, dass der Film fertig wird.

Tipps zum Feinschliff
Hier eine Liste mit Dingen, auf die Sie unbedingt beim Feinschliff achten sollten:
- Wenn Sie eine Aktion sehen, die ein prägnantes **Geräusch** erzeugt, so erwartet der Zuschauer, dass er das Geräusch auch hört. Ein Blitz erzeugt Donner. Seien Sie fair, und enttäuschen Sie Ihre Zuseher nicht. Außer vielleicht, wenn es ein Stilmittel darstellt oder Sie eine Situation ganz besonders hervorheben möchten.
- **Saubere Atmo**: Den Kameramann möchte man maximal dann hören, wenn er eine Frage stellt. Achten Sie bei Atmo-Schnitten auch auf **Knackser** am Anfang und Ende eines Clips.
- Bläst die **Musik** Ihre ganze Geschichte weg? Dann ist sie zu laut! Mischen Sie behutsam ab.
- Treibt die Musik trotz kräftiger Rhythmussektion den Schnitt nicht an, wo er das braucht, weil Sie auf diese Musik geschnitten haben? Dann ist sie zu leise.
- Ist Ihre Geschichte wirklich **nachvollziehbar**? Machen Sie den Passantentest, und fragen Sie eine unbeteiligte Person, was der Film ihr erzählt.
- Fehlt noch irgendwo Musik, oder gibt es etwa ein (mich schaudert's) **Atmo-Loch**? Korrigieren! Möglichst sofort.

Besonders Letzteres ist ein immer wieder fröhlich auftretender Geselle unter denjenigen Schnittfehlern, die einen Film sehr schnell – Entschuldigung – anfängerhaft erscheinen lässt.

6.2 Geräusche gehören zum guten Ton

Über die Notwendigkeit von **Atmo** unter Grafiken kann man ja noch geteilter Meinung sein, aber wenn ich weder eine dominante Musik noch eine Atmo höre, ist das Bild dazu tot.

Und für mich ein perfekter Zeitpunkt, die Bild- und Tonquelle ungefähr achtzehn Frames später zu wechseln. Das heißt nicht, dass Sie die Atmo nicht herunterziehen dürfen – als Stilmittel kann eine sehr leise Atmo sogar richtig beklemmend wirken. Aber im Normalfall ist die Atmo-Spur mit fast genauso viel Aufmerksamkeit zu betrachten wie die Videospuren.

Immer? Nein, nicht immer. Aber öfter, als Sie denken. Bei den heutigen Consumer-Kameras ist es fast unmöglich, ein Bild aus Versehen ohne Ton aufzunehmen. Wenn Sie einen Ton haben, schneiden Sie ihn um Himmels willen mit rein.

Wenn der Ton zu laut oder zu gräulich oder peinlich ist, ersetzen Sie diese Stelle mit einer passenden anderen Atmo. Wenn nichts zu hören ist, weil nichts passiert, lassen Sie bitte das Geräusch weiter laufen, das die Kamera im Raum erzeugt. Falls Sie erkältet ein zu lautes Atemgeräusch beim Drehen erzeugen, denken Sie an die Raum-Atmo, und drehen Sie diese mit gebührendem Abstand zwischen Ihnen und der Kamera vom Stativ aus. Ein oder zwei Minuten reichen da völlig – Sie können die Atmo beruhigt immer wieder hintereinander schneiden, wenn Sie sie länger brauchen. So etwas nennt man auch loopen und wird öfter gemacht, als Sie wissen möchten.

Geräusche nachstellen

Richtig prickelnd aber wird es, wenn Sie das passende Geräusch nicht haben, weil Ihnen irgendjemand die ganze Zeit dazwischengequatscht hat, während Sie so schön die Füße Ihrer Lieben gedreht haben, die kräftig durch den Schnee stapfen. Oder die blöden roten Ameisen zwar mit großer Beharrlichkeit, aber ohne jedes Geräusch Ihre Brotzeit zerteilen und verschleppen. Dann sind Sie als Geräuschemacher gefragt, und glauben Sie mir, das macht unglaublich viel Spaß:

- **Schritte auf losem Untergrund:** Zellophan zwischen die Hände nehmen, ruckartig aneinander reiben
- **Schritte auf festem Untergrund:** Nehmen Sie Schuhe, und suchen Sie einen passenden Untergrund.
- **Insekten:** Nehmen Sie eine Brötchentüte, zerknüllen Sie sie zu einer lockeren Kugel, wickeln Sie Frischhaltefolie drum herum, und lassen Sie es knistern.
- Rennende **Käfer** klingen fast wie PC-Tastaturen! Zumindest wenn Sie schnell genug mit zwei Fingern darauf herumtippen ...
- **Schleifende Geräusche** können Sie mit CD-Covern, Zeitungen, Ärmeln und eigentlich allem herstellen, was eine ähnliche Oberfläche wie die Vorlage im Film hat.

Die Geräusche bekommen Sie erträglich synchron zum Film, indem Sie nur das Video auf Ihrem PC abspielen und dazu gleichzeitig mit der Videokamera den erzeugten Ton aufnehmen. Dann den Ton schnell eindigitalisieren, und meistens passt das verblüffend gut, da die Verzögerung, die Sie naturgemäß von der Umsetzung des bildlichen Impulses (Ameise rutscht vom Brot und purzelt über den Untergrund) bis zu Ihrer Umsetzung (Hand mit Papier raschelt kräftiger und wird gegen die Brust gehauen) fast immer gleich ist. Das können Sie im Schnitt schnell ausgleichen ■.

Anspruchsvoller ist die **Kreation** eigener Sounds, mit der sich die Riege der Sounddesigner beschäftigt. Hier werden sie mit zum Teil überraschenden Mitteln – z. B. erzeugt eine leere Blechdose ein recht seltsames Geräusch, wenn man sie an einem langen Bindfaden um sich herumschleudert – völlig frei zur Erzeugung von Klängen verwendet, die dann in zum Teil sehr langwierigen Prozessen digital so lange verändert werden, bis sie dem Sounddesigner (und seinen Kunden) gefallen.

> **Verfremdung**
>
> Natürlich ist auf diese Weise auch eine kräftige Verfremdung des Bildinhaltes realisierbar. Wenn Sie »Pleiten, Pech und Pannen« nacheifern möchten, besorgen Sie sich am einfachsten eine Geräusche-CD mit Slapstick- und Comic-Sound-Effekten. Die entsprechenden »Boings« und »Huis« sorgen zielsicher dafür, dass selbst Fünfjährige verstehen, was damit gemeint ist. Auch kommt Pferdegetrappel ganz gut, wenn ein Auto vorbeifährt – diese Spielwiese ist sicherlich größer als der Speicherplatz einer herkömmlichen Festplatte ...

6.3 Das letzte Bild: Das ist das Ende!

Vom Film zumindest. Ein Ende soll natürlich einen guten Eindruck hinterlassen, schließlich ist es das Letzte, was von Ihrem Film gesehen wird. Viele Profis behaupten steif und fest, dass sich das letzte Bild eines Films oder Beitrages am meisten beim Zuschauer einprägt.

Meine persönlichen Erfahrungen sind andere: Verschiedene Leute empfinden auch verschiedene Bilder als besonders einprägsam. Oft sind es Bilder, die für den Einzelnen einen Höhepunkt der Geschichte repräsentieren, und das kann individuell **sehr** unterschiedlich sein.

Im privaten Bereich würde ich also statt auf eindringliche Bilder eher auf eine Pointe hinarbeiten, während ich für ein Firmenporträt zum Beispiel einen O-Ton des Abteilungs- oder Firmenleiters auf Schwarz (!) mit einem entsprechenden Inhalt (»Was dieses Team im letzten Jahr geleistet hat, ist einfach der Wahnsinn«, »Eine so gute Qualität hatten unsere Produkte noch nie – dank unserer Mitarbeiter«) wählen würde.

Bei der Beschreibung eines Herstellungsprozesses ist natürlich eine wunderschöne Aufnahme des fertigen Produktes ein schöner Ausstieg, aber der muss dann wirklich gut kommen: Detailaufnahmen, Fahrten drum herum (wenn das geht), Gegenlichtaufnahmen etc.

Vielleicht vermeiden Sie eher die beschaulichen Rücken, die vom Zuschauer weggehen. Denn wenn der entsprechend malerische Sonnenuntergang fehlt, sind weggehende Menschen kein schönes Bild. Wenn Sie einen Film über Ihre Kinder geschnitten haben, heben Sie sich eine kurze, aber lustige Begebenheit für den Schluss auf – und schon sind Sie aus dem Schneider.

Filmende mit Musik

Die Wirkung eines Filmendes kann man auch sehr schön mit Musik unterstützen. Im Film Gecko Glass.avi hat das Ende des Musikstückes meine Entscheidung für den Blitz initiiert, aber so etwas funktioniert hauptsächlich bei grafischen Montagen.

Gerne wird zum Schluss die Musik vom Anfang noch einmal genommen. Das gibt dem Ganzen eine Art Rundheit und Abgeschlossenheit, setzt aber voraus, dass die Musik zum Anfang und zum Ende Ihres Films auch passt. Sonst lassen Sie es lieber. Wenn Sie mit Action begonnen haben und besinnlich oder fröhlich enden, so sollte sich das auch in der Musik widerspiegeln.

> **Video-Hinweis**
> Die Datei »Gecko Glass.avi« enthält ein typisches Filmende, das auf der verwendeten Musik basiert.

6.4 Short Story – wenn der Film zu kurz ist

Eine der Gretchenfragen im Schnitt überhaupt: »Wie kann ich meinen Film verlängern?«. Wenn Sie aus den zwei Stunden Rohmaterial bei Ihren Großeltern oder der lustigen Gartenparty bei Ihrem Chef knallharte zwei Minuten dreißig herausbekommen, haben Sie sowohl Ihren Großeltern als auch Ihrem Chef gegenüber ein Problem. Niemand möchte gelangweilt werden, aber so mancher der Anwesenden würde sich gerne ein wenig von Ihrem Film besprochen sehen – zum Beispiel Chef oder Großeltern. Hier eine Liste, was Sie in so einer Situation machen können:

- Verlängern Sie die O-Töne. Wenn Sie keine reingeschnitten haben, dann aber flott! Wenn die O-Töne grausig sind, biegen Sie diese ein wenig zurecht. Sie haben doch wohl Zwischenschnitte gedreht?!
- Nehmen Sie mehr O-Töne.
- Probieren Sie eine grafische Montage. Selbst ein kaltes Büfett mit zwei Metern Länge kann man grafisch locker über 20 Sekunden abfeiern. Gastgeber und Koch werden es Ihnen danken.

- Gehen Sie Ihren Film durch – wenn sich die Totalen nur so die Hand geben, fügen Sie fröhliche Details ein. Sie haben keine? Können Sie die vielleicht heimlich simulieren oder nachdrehen? Wenn nicht – wie wär's mit vorsichtig vergrößerten Bildern?
- Verwenden Sie Zeitlupen. Zunächst sieht das so aus, als wenn Sie zu wenige Bilder hätten, aber mit der entsprechenden Musik kommen Zeitlupen gerne auch wie Bewegungs- oder Charakterstudien rüber. Bloß keine falsche Scheu an dieser Stelle.
- Wenn sich etwas wirklich Nettes oder Lustiges ereignet hat, wiederholen Sie es – in Zeitlupe oder mit grafischen Elementen versehen, damit auch jeder den Gag versteht.

Wenn es gar zu grausig wird, müssen Sie improvisieren. Bearbeiten Sie die Bilder grafisch und mit passenden Effekten, so entstehen schnell ein paar Bilderstrecken, die den Zuschauer interessieren, obwohl Sie gar nicht so viel gutes Material haben.

Dabei muss die Qualität der Aufnahmen nicht unbedingt Ihre Schuld sein. Der gutmütige Kameramann lässt ja auch gerne andere filmen – aber was kommt dabei heraus? Das Grauen auf Band können Sie trotzdem noch verwerten – machen Sie Kult daraus. Dafür können Sie zum Beispiel den **Videokamera-Effekt** verwenden. Importieren Sie die Datei Videokamera.tif mit ihrem Alpha-Kanal. Sie enthält – gekeyed – Bild 6.1.

> **Nur in Maßen!**
> Achten Sie bitte bei all diesen Mittelchen trotzdem sehr sorgfältig darauf, dass keine Langeweile entsteht. Wenn sich alle auf acht bis zehn Minuten Film freuen und Sie mit fünf Minuten daherkommen, ist das nicht schlimm. Erklären Sie ruhig, dass Sie Probleme beim Schnitt hatten, weil Sie mit der Kamera noch etwas ungeübt sind.

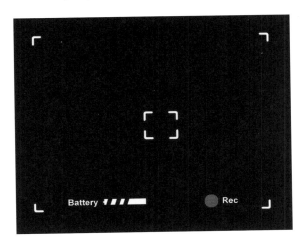

◀ **Abbildung 6.1**
Die Kameramaske aus der Buch-DVD

Wenn Sie jetzt oben zentriert »Kamerakind Onkel Heinz« bzw. »Aus der Sicht der Personalabteilung« hineinschreiben, haben Sie auf einmal Material zur Verfügung, das vorher einfach nicht zu zeigen war ...

Foto-Effekt

Ein anderer sehr beliebter Effekt ist der Foto-Effekt. Der Vorteil hier ist, dass man selbst aus fast völlig verwackeltem Material noch ansehbare Bilder machen kann.

Lassen Sie es dazu ungefähr eine Sekunde wackeln bis zu einem Frame, der scharf ist. Den freezen Sie dann, das heißt, Sie verlängern diesen einen Frame auf z. B. vier Sekunden. Und dann versehen Sie ihn mit einem Foto-Effekt, ähnlich einer Sofortbildkamera. In der Effekte-Datei habe ich es noch etwas anders gemacht, dort habe ich Hintergrund und das vordergründige »Foto« weiterlaufen lassen, um zu zeigen, dass auch dies möglich ist. Hier das Resultat:

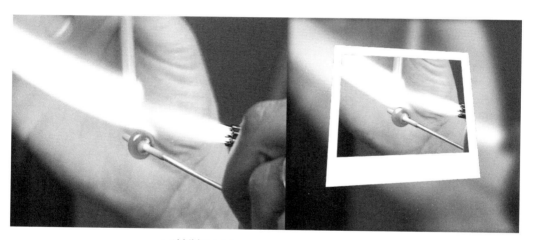

▲ **Abbildung 6.2**
Ein »Foto-Effekt«

Hier die Schritte, die für diesen Effekt notwendig sind:
1. Schneiden Sie das gewünschte Bild in Ihre Timeline auf Videospur 1.
2. Kopieren Sie den Clip an der gleichen Stelle noch einmal auf die Video-Ebene 3, so dass zwischen den identischen Bildern die Video-Ebene 2 frei bleibt.
3. Suchen Sie den Punkt in der Timeline auf, ab dem Sie den Foto-Effekt einsetzen wollen.

4. Löschen oder trimmen Sie den Clip auf Ebene 3 bis zu diesem Punkt. Auf diese Weise sind die Clips immer noch synchron, der oben liegende Clip beginnt aber erst ab dem von Ihnen ausgewählten Punkt. Wenn Sie lieber ein Standbild haben möchten, freezen Sie den aktuellen Frame aus Videospur 3 so lange, wie Sie das »Foto« stehen lassen möchten.
5. Entsättigen Sie den Clip auf Spur 1, so dass er schwarz-weiß wird.
6. Wenden Sie einen Weichzeichner-Effekt auf diese Ebene an.
7. Verkleinern Sie den Clip auf Spur 3 auf ca. 70 % seiner Originalgröße.
8. Wenden Sie dann auf diesen Clip den 3D-Effekt Ihres Schnittprogrammes an, der es Ihnen erlaubt, das Bild im Raum zu drehen. Kippen Sie es ein wenig mit der Oberkante nach hinten, und drehen Sie das Bild, bis Ihnen die Position gefällt.
9. Schneiden Sie nun eine weiße Fläche (z. B. aus dem Titler) in der Länge und Position des oberen Clips auf Videospur 2. Die Fläche überdeckt nun Ihren monochromen Hintergrund.
10. Wenden Sie alle Effekte des Clips von Videospur 3 auf die Fläche an, zum Beispiel indem Sie die Parameter kopieren.
11. Beschneiden Sie den Clip auf Videospur 3 nun auf allen vier Seiten derart, dass es aussieht, als ob es sich um ein Sofortbild handelt, d. h. mit einem weißen Rand, der an der unteren Seite dicker ist.
12. Legen Sie auf die Videospur 4 genau drei Frames vor dem Beginn des Clips auf Spur 3 (und damit vor Beginn des eigentlichen Effekts) eine weiße Fläche, die sechs Frames lang ist, blenden Sie sie innerhalb von drei Frames rein und in drei Frames wieder raus. So erzeugen Sie einen Weiß-Blitz als Übergang zwischen den beiden Bildern.

Das war's. Wie Sie sehen, wird hier nur mit Wasser gekocht. Der einzige »Trick« ist der, eine weiße Fläche unter das Foto zu legen und das Foto so zu beschneiden, dass man diese weiße Fläche sieht.

Um den Effekt noch zu verstärken, empfehle ich, ein entsprechendes Geräusch unter den Blitz zu legen. Wenn Sie einen Fotoapparat haben, können Sie sein Geräusch aufnehmen. Sonst experimentieren Sie ein wenig mit der Herstellung eines eigenen »Foto-Klicks«. Wahrscheinlich würde zum Beispiel auch der Mechanismus eines Kugelschreibers funktionieren. Wenn gar nichts hilft, schauen Sie in eine der zahlreichen Sound-Effekte-CDs. Da gibt es immer wieder Foto-Klicks.

6.5 Lange Story – lange Gesichter

Bitte denken Sie bei allem Enthusiasmus für Ihren Film immer auch an die Zuschauer. Sollten Sie aus den zwei Wochen einen Urlaubsfilm von 110 Minuten geschnitten haben, erwarten Sie bitte keine Jauchzer seitens Ihrer Verwandtschaft. Auch die zwanzigminütige Präsentation der Bürofluchten Ihrer Abteilung wird keinen leitenden Mitarbeiter zu einem positiven Vermerk in Ihrer Personalakte verleiten. Wenn Ihr Film zu lang ist, gibt es grob gesehen drei Methoden, um das in den Griff zu bekommen.

Episoden entbehren
Bei hoffnungsloser Überlänge sollten Sie ganze Stücke rausschneiden, um einigermaßen in die richtige (kürzere) Richtung zu kommen. Das kann wehtun, geht aber dafür recht schnell. Gehen Sie Ihren Film durch, und stellen Sie sich folgende Fragen
- Ist dieser Teil für die anderen Teile des Films notwendig?
- Ist dieser Teil des Films interessant?
- Ist dieser Teil des Films wirklich stark?

Bei einem einzigen »Nein« trennen Sie sich von dem Filmteil. Achten Sie aber darauf, dass der Film weiterhin logisch und nachvollziehbar bleibt. Falls das ohne größere Änderung der restlichen Teile möglich ist, haben Sie zumindest eine der »Überlängen« gefunden.

Kleinkram löschen
Ist die Überlänge nicht ganz so schlimm oder die Löschung ganzer Filmteile nicht ausreichend, gehen Sie ein wenig mehr ins Detail. Hier sind die typischen Fragen:
- Kann ich diesen O-Ton löschen?
- Kann ich diesen O-Ton deutlich kürzen?
- Trägt die Geschichte/die Information nicht bis zum nächsten O-Ton, oder ist sie etwa langweilig?
- Brauche ich weniger Zeit als der Film, um in präzisen Worten die Information dieses Teils zu vermitteln?
- Kann ich dieses Bild löschen?

Bei einem »Ja« haben Sie einen guten Grund gefunden, sich von dem betroffenen Teilstück schnitttechnisch zu distanzieren. O-Töne können da schon sehr viel bringen. Und falls Sie genügend Zwischenschnitte haben, ist die Kürzung von O-Tönen oft eine Wohltat.

Aber auch die konsequente Entfernung überschüssiger Bilder kann einen Film enorm kürzen. Fassen Sie sich ein Herz, auch wenn es vorher schrecklich viel Arbeit war, die Bilder reinzuschneiden.

Framefucking
Diesen etwas rauen Begriff hat eine Kollegin von mir geprägt. Jeder in der Abteilung wusste sofort, was damit gemeint ist – ich kenne keinen treffenderen. Hier wird wirklich mit zum Teil großer Mühe um jeden Frame gekämpft, den man rausschneiden kann. Dabei sollten Sie auf Folgendes besonders achten:
- Kann ich den Anfang des Schwenks oder Zooms rausschneiden, ohne dass der Schnitt davor springt?
- Ist der Stand nach dem Schwenk oder dem Zoom kürzbar?
- Kann ich die »Ähs« und Sprechpausen rausschneiden?
- Ist das Bild auch dann noch gut, wenn es ein paar Frames kürzer ist?
- Kann ich diesen O-Ton um ein paar Frames oder sogar Sekunden vorziehen?

Sie werden überrascht sein, wie viel man mit dieser Methode kürzen kann.

Eigentlich sollte man Framefucking grundsätzlich als Bestandteil des Feinschliffs anwenden, denn in **allen** Fällen, wo ich es angewendet habe, waren die Beiträge danach deutlich besser, fröhlicher, knackiger oder schlichtweg unterhaltsamer als vorher! Natürlich erscheint Framefucking unglaublich mühsam, aber es lohnt sich wirklich. Wenn Sie also eine Punktlandung brauchen (»Vier Minuten dreißig und keine Sekunde länger«) oder einfach mehr Tempo in Ihren Film bringen wollen, ist es schlichtweg die beste Methode, um effizient zu einem guten Ergebnis zu kommen, ohne gleich ganze Teile des Films zu kippen.

7 Power Editing

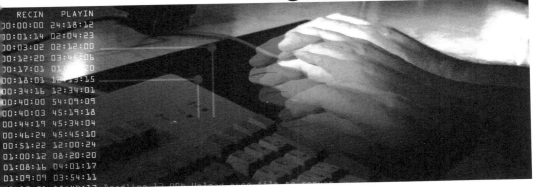

Geschwindigkeit ist keine Hexerei

Sie werden lernen:
- Wie Sie in kürzester Zeit gute Filme erstellen.
- Wie Sie schnell und präzise einen guten Film präsentieren.

Schnitt muss nicht unter Zeitdruck leiden, wenn Sie gut vorbereitet sind und wissen, wie Sie mit der Schnitt-Software umgehen müssen. Um schnell zu sein, reicht es aber nicht, nur die Technik gut zu beherrschen.

Die mit Abstand unangenehmsten Schnittprojekte beginnen im Allgemeinen mit den Worten »können Sie mal kurz« oder »wir müssen mal schnell ...«.

Was Ihnen als begeisterungsfähiger Video-Schneider dadurch vermittelt werden soll, ist leider nicht unbedingt der felsenfeste Glaube in Ihre Fähigkeit, Wunder zu vollbringen, Bilder herzuzaubern oder fehlende O-Töne zu simulieren.

Es ist die Aufforderung zum Tanz über die Tastatur: »Wir brauchen einen Film, aber wir haben zu wenig Zeit, um uns über fehlendes oder mangelhaftes Material zu ärgern.« Und es ist ziemlich egal, ob es daran liegt, dass die Marketingabteilung erst zwei Woche vor dem Jubiläum feststellt, dass Ihre Firma zehn Jahre alt wird oder Ihre Frau anmerkt, dass Sie Ihren Eltern doch einen geschmeidigen 10-Minüter zur goldenen Hochzeit versprochen haben. In jedem Fall sind Sie der Mensch, der die Kastanien aus dem Feuer holen soll. Wie schön, wenn man gebraucht wird, nicht wahr?

Den Begriff »Power Editing« gibt es in der Fachsprache nicht. Ich habe ihn mir ausgedacht, um Ihnen möglichst kurz und präzise zu vermitteln, um was es mir hier geht. Die professionellen Kollegen mögen mir also die etwas reißerische Begriffsbildung verzeihen, aber wenn sie sich ihre Arbeit durch den Kopf gehen lassen, ist »Power Editing« genau das, was sie immer und immer wieder betreiben.

7.1 Schnell und gut

In solch einer Situation brauchen Sie ein Konzept. Oder jemanden, der ein Konzept hat. Ohne guten Plan werden Sie sonst mehr für die Tonne als für die Zuschauer schneiden, weil alle Beteiligten nervös, angespannt und somit beliebig planlos sind.

Auch die Idee der chronologischen Darstellung eines Sachverhaltes ist ein Plan und unter diesen Voraussetzungen kein schlechter. Denn umstellen können Sie immer noch – wenn genug Zeit dafür bleibt.

Digitalisieren

Wenn Sie mit Ihrem Schnittprogramm direkt von Band in die Timeline schneiden können, so tun Sie das. Falls nicht, oder wenn das Projekt zu groß ist, verwenden Sie die Batch-Aufnahme, und nutzen Sie die Wartezeit sinnvoll – zum Beispiel mit Texten oder eben einer Konzeption. Markieren Sie die Clips großzügig (d.h. mit etwas »Luft« vor dem In- und nach dem Out-Punkt in Form von je zwei bis drei Sekunden) ein. Machen Sie sich keine Gedanken über Überlappungen. Wenn Sie das Rohmaterial für ein paar Sekunden doppelt auf der Platte haben, ist das weniger schlimm, als wenn Sie nicht fertig werden. Manchmal ist man zu kritisch und markiert den Anfang eines Clips zu spät. Dann ziehen Sie nummerisch so viele Sekunden, wie Sie vorne zusätzlich brauchen, vom In-Punkt ab. Bewegen Sie nicht das Band. Das dauert zu lange.

Falls weder ein Konzept noch ein Text existiert und Ihr Rohmaterial in absehbar erträglicher Menge vorliegt, digitalisieren Sie es **ganz** ein, und konzentrieren Sie sich währenddessen auf Ihren Plan und/oder den Text. Verwenden Sie die Szene-Erkennung Ihres Schnittprogramms.

Schneiden Sie die Clips dann, wie sie sind, in die Timeline, ohne sonderlich viel Zeit mit so merkwürdigen Dingen wie In oder Out zu verbringen. Rein damit, und gut ist. Das Wichtigste ist, dass Sie sehen, ob Ihr **Konzept** funktioniert! Sie verbrauchen sonst schon am Anfang viel Zeit durch einen Feinschliff, den Sie vielleicht doch wieder verwerfen müssen, weil die Bilder nachher umgestellt werden. Auch für O-Ton-Puzzle und aufwändigen Musikschnitt ist jetzt der falsche Zeitpunkt. Ach ja: Streichen Sie Effekte, die nicht unbedingt zwingend und überlebensnotwendig sind, aus Ihrem (Zeit-)Plan.

7.2 Schnitt radikal

Wenn Sie damit fertig sind, haben Sie einen Rohschnitt, der viel zu lang ist. Das liegt daran, dass Sie zunächst einfach ohne lange Suche nach einem exakten In oder Out die Szenen so reinschneiden, wie es Ihrem Plan oder Konzept entspricht. Kein Grund zur Aufregung! Überprüfen Sie lieber die Reihenfolge der Clips. Ist die Abfolge logisch? Welche Bilder sind nicht nötig? Wo haben Sie zu ähnliche Perspektiven, welche Bilder werden springen? Werfen Sie raus, was nicht passt, stellen Sie um, was von der Reihenfolge her holprig erscheint. Sie können an dieser Stelle den Film noch immer radikal ändern – Sie haben ja bisher nicht viel Zeit mit dem eigentlichen Schnitt verbracht.

Wenn Sie einigermaßen zufrieden sind, kümmern Sie sich dann erst um Ihr erstes Bild. Wenn es o.k. ist, lassen Sie es so. Sie haben jetzt keine Zeit zum Rumspielen – **machen Sie!**

Immer feiner werden
Entscheiden Sie dann über die Längen jedes einzelnen Clips und wie sie aneinander passen. Kümmern Sie sich noch nicht sonderlich um den Ton, sondern nehmen Sie lieber die Atmo-Spur des jeweiligen Clips mit in die Sequenz – rausschneiden können Sie diese immer noch. Trimmen Sie bei O-Tönen Bild und Ton gleichermaßen, ziehen Sie keinesfalls schon jetzt O-Töne oder Bilder vor – Sie brauchen hier immer noch synchrone Clip-Kanten: Video- und Audiospur und O-Ton-Clips haben den gleichen Anfang und das gleiche Ende.

Verwenden Sie an denjenigen Stellen, an denen **Bilder fehlen**, einen Marker. Halten Sie sich nicht zu lange mit der Suche nach einzelnen Bildern auf – wenn Ihnen nicht auf Anhieb etwas einfällt, markieren Sie die Stelle, und machen Sie weiter. Vielleicht finden Sie etwas später genau das gesuchte Bild – fügen Sie es dann an der problematischen Stelle ein. Aber kümmern Sie sich noch nicht groß um Zwischenschnitte, die kommen erst in den nächsten beiden Schritten dran.

Achten Sie auf den **Spannungsbogen**, falls Sie einen erzeugen möchten. Überprüfen Sie dann, ob das Ende funktioniert.

Ist **Musik** geplant, wäre es jetzt eine gute Idee, diese auszuwählen und zu importieren. Sie wissen jetzt, wie der Film grob aussehen soll, also kennen Sie auch die Stellen, die unbedingt Musik brauchen, und haben schon eine Vorstellung davon, welche Art für Musik Sie einsetzen möchten. Das macht Ihre Suche viel effizienter. Die »Enge« durch die an die Musik gestellten Anforderungen erzeugt ein hervorragendes Umfeld für kreative Ideen in diesem Bereich, da sich Ihre Gedanken nun nicht mehr so schnell »verirren« können.

Legen Sie die Musik grob an, so dass Sie ein Gefühl dafür bekommen, ob sie an der Stelle des Films auch wirklich funktioniert. Ist das der Fall, lassen Sie den Musik-Clip erst einmal so liegen, und gehen Sie zum nächsten. Schneiden Sie noch keine schicken Musikenden, weil sich noch immer die Länge der einen oder anderen Szene ändern kann. Außerdem – wenn Ihnen nachher die Zeit fehlt, können Sie einfach die Musik ein- und wieder ausblenden, und gut ist. Das ist immer noch besser, als wenn der Film nicht rechtzeitig fertig wird, aber die Musik sehr schön ist. Erst wenn alle ausgewählten Filmstellen mit Musik versehen sind, sollten Sie weiter arbeiten.

Gehen Sie jetzt noch einmal im **Schnelldurchgang** über den Film: Macht alles Sinn? Nur wenn Sie die Zeit dazu noch haben: Passt die Musik wirklich, oder fällt Ihnen noch eine bessere ein? Kann auch jemand den Film verstehen, der das Rohmaterial nicht gesehen hat?

Wenn Sie nicht sicher sind, machen Sie den schnellen Flurtest: Verlassen Sie Ihren Schneideplatz, und fragen Sie die nächste Person, der Sie begegnen, nach ihrer Meinung über den Rohschnitt. Wenn sich Ihr Film über zig Minuten hinzieht, zeigen Sie nur die Stellen, von denen Sie vermuten, dass dort das Verständnis des Films gefährdet ist.

Danach haben Sie bereits einen fertigen Film, den man im Notfall mit nur wenig Feinschliff zeigen kann. Natürlich stimmen die Anschlüsse noch nicht perfekt, und Sie haben vielleicht noch nicht alle Informationen transportiert, die Sie transportieren sollten, aber: Der Film ist erst einmal fertig, und von jetzt an können Sie die Ihnen verbleibende Zeit sehr viel besser einschätzen und einteilen.

7.3 Informationen transportieren

Die denkbar einfachste Art ist die Kombination aus O-Ton und Off-Text. Wenn die Informationen aber so zahlenlastig sind, dass man schnell den Überblick verliert, brauchen Sie Grafiken.

Die einfachsten Diagramme sind Balkendiagramme. Bei der Gestaltung der Grafiken verlieren Sie bitte den Ihnen zur Verfügung stehenden Zeitrahmen nicht aus den Augen – die Zuschauer haben auch nichts von total schönen Grafiken, wenn Ihr Film nicht fertig ist. Eher muss es umgekehrt funktionieren: Wenn Sie merken, dass Sie keine Zeit mehr haben, dann lassen Sie die meisten Grafiken weg, weil diese beliebig viel Zeit kosten können. Oder geben Sie die Grafiken jemandem, der so etwas schon einmal gemacht hat.

Hier noch ein paar Tricks, wie man schnell an einfache Balkendiagramme kommt:

▶ Verwenden Sie einen Verlauf als Hintergrund. Das macht das Ganze ein wenig dreidimensionaler. Die Achse des Verlaufs muss nicht unbedingt horizontal sein, vertikal wirkt aber dann eher störend, wenn der Verlauf nicht sehr weich ist.

- Ganz anders bei den Balken: Wenn Sie senkrechte Balken nehmen, ist ein Verlauf mit senkrechter Achse am linken oder rechten Balkenrand ganz schick.
- Sollten Sie Schlagschatten einplanen, bauen Sie zuerst alle Balken, kopieren Sie diese dann alle zusammen auf eine neue Ebene, ziehen Sie die Deckung und die Helligkeit herunter, weichzeichnen, kippen und plazieren Sie die Schatten, wie es Ihnen gefällt.
- Verwenden Sie nicht zu viele Zahlen an den Achsen. Schöner sind Zahlen über den Balken, die deren Werte angeben.
- Verwenden Sie Lineale, und richten Sie Ihren Cursor daran aus (»magnetische Lineale«).

Für die Erstellung einer Grafik wie in Abbildung 7.1 brauchen Sie ca. sieben Minuten:

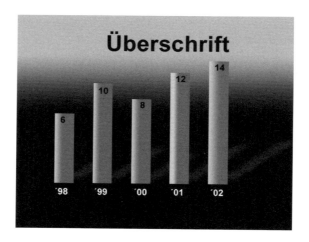

Abbildung 7.1 ▶
Computer-Grafik auf die Schnelle

Sie werden damit sicher kein »Oh!« und »Ui!« gewinnen, aber das Wichtigste ist damit realisierbar: Innerhalb kürzester Zeit sind Daten vergleichbar visualisiert worden. Und Sie haben noch ein wenig Zeit für den Feinschliff des Films.

7.4 Feinschliff flott

Sie haben bis hierhin einen kompletten Film hergestellt, der aber noch nicht wirklich zu genießen ist. Am besten gehen Sie jetzt von vorne bis hinten jeden einzelnen Schnitt noch einmal durch. Jetzt ist es Zeit, Anschlüsse zu schneiden, O-Töne vorzuziehen, O-Töne zu schneiden und mit anderen Bildern zu überdecken.

Dann ist der Film auch so weit, dass es Sinn macht, die Musik dem Film und den Film der Musik anzupassen. Beide Prozesse gehen Hand in Hand. Wenn das Bild spröde ist, basteln Sie lieber an der Musik und umgekehrt. Wehren sich hinterhältigerweise beide, entscheiden Sie, was an der Stelle wichtiger ist, und geben Sie beim anderen einfach nach: Musik kann man runterblenden, Bilder austauschen oder auch blenden.

Ersetzen Sie fehlende Atmo großzügig durch die von anderen Clips. Hier ist es sehr schön, wenn die Atmo unter den Clips verblendet wird und nicht an den Schnittkanten hart geschnitten wird – **wenn Sie die Zeit dazu haben**. Sonst lassen Sie es lieber, und machen Sie mit dem Feinschliff über den Rest des Films weiter.

Ab jetzt liegt es an Ihnen und Ihrem Zeitrahmen – wie schnell waren Sie, wie viel Zeit haben Sie noch? Denken Sie daran, dass Sie den Film auf Band ausspielen oder auf CD bzw. DVD brennen müssen. Es sollte zumindest noch für eine weitere Kontrolle des Films reichen. Schauen Sie ihn sich »in Ruhe« an (Sie sehen jetzt wieder ein diabolisches Cutter-Grinsen), ändern Sie Kleinigkeiten nur dann, wenn es nicht zu lange dauert. Unter Zeitdruck ist Perfektion manchmal hinderlich – seien Sie also nicht zu genau und zu kritisch. Erinnern Sie sich an das Erste-Bild-Problem des Films? Obwohl ich nach wie vor nicht wirklich begeistert von der Abfolge der ersten beiden Bilder bin, habe ich keine bessere Lösung gefunden. Dem Gesamteindruck des Films kann jedoch dieser eine Schnitt nicht schaden. Es hätte für mich nur eine bessere Lösung der Aufgabe gegeben: die grafische Montage vom Ende direkt an den Anfang zu stellen. Aber irgendwie bin ich auch so recht zufrieden mit dem Ergebnis, also lasse ich es auch so.

Danach müssen Sie sich von Ihrem Werk lösen. Das kann manchmal tatsächlich schmerzen – es war vielleicht unglaublich viel Arbeit, Sie hängen an dem Stück und könnten hier und da immer noch Teile verbessern. Machen Sie sich jetzt keine unnötigen Kopfschmerzen. Der Film ist fertig und basta. Spielen Sie ihn aus, brennen Sie ihn, und dann vergessen Sie ihn. Für mindestens eine Stunde …

7.5 Klassiker und Experiment

Abschließend noch ein paar Worte zur Gestaltung Ihrer Filme. Je nach Zielgruppe und Zeitrahmen neigt man dazu, einen eher »klassischen« Filmschnitt zu betreiben, wie er im Fernsehen und Kino immer wieder vorgemacht wird. Das ist insofern nicht blöd, weil man sich so besonders als Anfänger erst einmal an den Stand der Dinge herantasten kann. Wenn Sie die Tricks und Denkweise der Profis durchschaut haben und in einem für Sie passenden Zeitrahmen schnitttechnisch korrekte Filme herstellen können, ruhen Sie sich bloß nicht aus. Denn jetzt haben Sie das Handwerkszeug, Ihren eigenen Stil zu entwickeln.

Wenn Sie merken, dass Ihnen **Musik** besonders liegt und Sie gut mit ihr umgehen können, spielen Sie mit ihr. Machen Sie sich einen schönen Abend am Schnittcomputer, und schneiden Sie Musik. Erst wenn Sie fertig sind, überlegen Sie sich in Ruhe, was für Bilder zu dieser Musik passen könnten. Und dann gehen Sie raus, drehen Sie, was Sie brauchen, und montieren Sie es zusammen. Spielen Sie. Bieten Sie sich selbst immer wieder neue Versionen an. Schneiden Sie die verschiedenen Versionen hintereinander, und schauen Sie sich die Unterschiede genau an – was gefällt Ihnen, was ist nicht so Ihr Ding?

Wenn Ihre Stärken bei der **Kameraführung** liegen, drehen Sie, was das Zeug hält. Experimentieren Sie mit allem, was die Kamera hergibt – Fokus, Blende, Weißabgleich, Effekte, Bewegungen, Positionen. Reizen Sie Ihre Motive aus – durch besondere Perspektiven, durch radikale Bewegungen, durch was auch immer Ihnen gerade zu dem Bild einfällt.

Im Schnittprozess können Sie dann die Wirkung Ihrer Bilder noch verstärken: Fügen Sie eine passende Musik hinzu, verwenden Sie (Farb-)Blenden und andere Effekte, um die Bilder noch eindrucksvoller erscheinen zu lassen. Probieren Sie alles aus, was Ihnen in den Sinn kommt, und scheuen Sie sich auch nicht vor mehreren verschiedenen Versionen – an ihnen kann man prima sein Auge und sein Gefühl schärfen.

Sollte Ihr Faible hingegen der **Schnitt** sein, brauchen Sie überraschend wenig Rohmaterial. Natürlich ist das Spiel mit der Kamera und den Objekten eine lohnende Geschichte. Aber Sie brauchen noch nicht einmal wirklich bewegtes Kameramaterial. Mit der richtigen Musik und z. B. After Effects können Sie auch Fotos derart zum Leben erwecken, dass Ihnen die Leute gebannt zuschauen. Verlassen Sie dabei ruhig ausgetretene Pfade, und probieren Sie so lange herum, bis Ihnen Ihr Produkt wirklich gefällt. Lassen Sie sich von langen Schnittnächten nicht beeindrucken und schon gar nicht entmutigen. Mit jedem guten und geglückten Schnitt trainieren Sie Ihre Wahrnehmung und Entscheidungskraft in die richtige Richtung.

Gleich welcher Teil des Filmemachens Sie besonders fasziniert – Ihre Experimente werden Ihnen unglaublich wertvolle Anregungen und ausgesprochen befriedigende Resultate liefern, die Sie immer weiter nach vorne treiben. Archivieren Sie Ihre Arbeiten, und schauen Sie sich nach einem Jahr an, was Sie damals und heute hergestellt haben. Sie werden Ihre eigene Entwicklung förmlich **spüren** können. Und je länger Sie sich entwickeln, umso öfter werden Sie feststellen, dass Ihre alten Experimente in ein paar Jahren zum Klassiker geworden sind, weil viele kreative und engagierte Menschen genauso denken wie Sie.

Die DVD zum Buch

Die DVD zum Buch hält über 8 GB an Daten für Sie bereit. Sie besitzt zwei Ordner:
- Zugeschnitten_Gecko-Glas
- Filme

Im Ordner **Zugeschnitten_Gecko-Glas** finden Sie jede Menge Dateien:
- AVI-Dateien: Das ist das Rohmaterial für den Film, der in diesem Buch beschrieben wird.
- Die PRT-Dateien sind Premiere Pro-Titeldateien.
- EDL sind Schnittdatendateien im CMX-Format, die Sie in Ihr Schnittsystem importieren können, wenn Sie nicht Premiere Pro verwenden.
- Die Gecko-Glas.prproj enthält das Projekt für alle Filme.

Der Ordner enthält außerdem noch einige tif-Dateien sowie zwei Dateien, die ich für Effekte brauche. Auch die Datei Komp1.avi ist dort zu finden, hier habe ich einen Effekt aus After Effects gerendert, um ihn in Premiere weiterzuverwenden.

Die Filme finden Sie im Ordner **Filme**. Sie sind als AVI-Dateien mit einem DV-Codec gerendert, so dass Sie jeden der Filme Frame für Frame anschauen können. Im einzelnen finden Sie:
- Bauchbinden.AVI ist eine Demonstration für verschiedene grafische Lösungen für Bauchbinden
- In der Datei Effekte.AVI finden Sie eine Vielzahl von Videoeffekten.
- Gecko-Glas.AVI ist der »Hauptfilm« des Buches.
- Gecko-Mix.wav ist eine Audiodatei mit einer abgemischten und getexteten Audioversion für Gecko-Glas.AVI.
- Gecko-Titel.avi ist ein recht hässlicher Filmtitel.
- Keys_und_Wipes.AVI zeigt Ihnen unterschiedliche Formen von Keys und (als wenn Sie es geahnt hätten) Wipes.
- Schnittfehler.avi ist ein hinterhältiger Fehler-Film, bitte machen Sie die nicht zu Hause nach!
- Titel_Glas.AVI ist eine etwas aufwändigere Titelanimation aus After Effects.
- Trenner.AVI enthält Beispiele für optisch reizvolle Themenwechsel.

Index

16:9-Balken 223

A

A-Roll 19
ablenken 45
Abschied 119
Abschweifungen 94
Abschwenk 213
Abwechslung 112
After Effects 204
aktive Bewegungen 127
Also 94
Amerikaner 36
Anfang 16
  spannend 78
  verrätseln 78
Anordnung 38
Anordnung des Objekts 38
Anschluss 59
  korrekt 121
  mit Blende 22
  mit einer Kamera drehen 59
  perfekt 60
Anschlussblende 22
Anschlussfehler 89, 100, 102
  thematisch 103
Anschlussproblem 119
Anschlussschnitt 21, 85, 110
  mit einer Kamera 61
  Problem 119
  vorbereiten 59
Antexter 70
Atmo-Spur 102
Atmo 79, 113, 227
  fehlend 243
  verschmelzen 113
Audio-Effekt 96
Audio-Fehler 104
Audio-Überlappung 118
Audiospur
  anpassen 112
Aufblende 171
Aufnahmewinkel 42
aufpeppen 198
Aufzieher 45, 50, 53
Augenhöhe 43
Aussage
  verstärken 23
Ausschnitt
  Auswahl 77
Authentizität 91
Auto-Kamerafunktionen 68
Auto 59

B

B-Roll 19
Balkendiagramme 241
Batch 79
Batch-Aufnahme 79
Bauchbinde 89, 175
  animieren 185
  bewegen 184
  einfach: nur Text 175
  Hintergrund 176
  im titelsicheren Bereich 178
  Lesbarkeit 175
  Textfarbe 176
  variieren 183
Bedrohung 55
Beschneiden 172
Betroffenheit 55
Bewegung 64
  abgeschnitten 105
Bewusstwerdung 54
Bezugsgrößen 50
Bild
  Definition 17
  erzeugen 118
  fehlende erklären 126
  kompliziert 41
  verbinden 141
  zu wenige 112
Bild-Doppler 214
Bild-Dynamik 64
Bild-in-Bild-Effekt 24
Bild-Ton-Versatz 106
Bild- und Tonsprung 100
Bildausschnitt 33, 136
  Amerikaner 36
  Close 36
  Detailaufnahme 37
  Großaufnahme 36
  Halbnahe 35
  Halbtotale 34
  Nahe 36
  Superclose 37
  Totale 34
Bilddaten
  ordnen 16
Bildenden
  angerissen 101
Bildfarbe
  nicht stimmig 112
Bildfrequenz 17
Bildgröße 33
Bildkomposition 38
  Dynamisch 39
  statisch 39
Bildmaske-Key 162
Bildmitte 39, 41
Bildschwerpunkt 41, 139
Bildstörung 219
Blende 19, 111, 125, 218
  Dauer 19
  Form 20
  kurvig 20
  linear 20
  Synchronisations-Bewegung 23
  Transition 20
Blende mit Blur 134
Blick
  lenken 139
Blickrichtung
  Fehler 89
  lenken 137
Blick in die Kamera 69
Blitz 211
Blur-Effekte 95
Bonusmaterial 29
Brainstorming 32
Buch-DVD 16

C

Chroma-Key 173
chronologische Darstellung 238
Clip 17
  spiegeln 123, 202
Close 36, 83

D

Denkpausen 94
Detailaufnahme 37
Details 37, 45
Digitalisieren 79
Dreh
  Musik berücksichtigen 32
  vergessen 116
drehen
  von unten 36
Drehpause 61
Drehplan 29
Dynamik 61, 128
  erzeugen 41
dynamisch 40
dynamische Bildkomposition 39

E

Echo 214
Effekt
  Bewegung 122
  Blitz 211
  Echo 214
  Key 160
  Lichtsäule 207
  Multi-Picture 196
  Quad-Split 202
  Wipe 167
    Spiegeln 206
Effekt-Trenner 96
Effektauswahl 200
Effekte 23, 146, 160
Ein- und ausblenden 132
Eindringlichkeit 70
einfach 41
Einstellung 60
Einzelheiten 37
Einzigartigkeit 31, 58
elektronischer Zoom 56
Emotionen
  per Musik 143
Ende 119
Episoden
  löschen 234
erstes Bild 16, 79, 82, 240
Erzähldichte 114
erzählendes Mittel 110
Erzähltempo
  erhöhen 114
experimenteller Film 244
Eyecatcher 78

F

Fahrt 57
  im Gehen drehen 57
Fairness 77
Familienvideo 31
Farbe verändern 205
Farbton/Sättigung 205
Fehlbild 101
Fehlerkorrekturen 226
Feinschliff flott 242
Fields 17
Fill 160
Film
  auf Festplatte bringen 79
  Feinschliff 227
  überprüfen 226
Film-Rüttler 221
Filmeffekte 216
Filmende 230
  mit Musik 230
Filmgattung 244
Filmlänge 230
Footage 185
Foto-Effekt 232
Framefucking 235
Frames 17
freezen 232
Freude 64
frontal 43
Froschperspektive 43

G

Gang 43
gebraucht 219
GEMA 85
Geräuschemacher 228
Geräusche nachstellen 228
Geschichte 110
  Zusammensetzung 110
Geschwindigkeit 64
Gesprächspartner
  Bildausschnitt 69
  im Interview 69
Gesprächspausen 70
Gestaltung 244
Glaubwürdigkeit 91
Grafik 146, 241
Grafische Montage 127
Grid 178
Großaufnahme 36
Größenvergleich 50
guter Geschmack 77

H

Haare
  erzeugen 220
Halbbilder 17
Halbnahe 35, 39
Halbtotale 34
Handlung
  Auflösung 110
Handlungsstränge 114
  treffen sich 128
Harter Schnitt 18
Harter Übergang 131
Hintergrund 197
  und Objekt 35
  weichgezeichnet 198
Höhepunkt 32, 155, 157
Horizontalschwenk 47

I

Ideen 30
  durch Musik 32
  durch Nachahmen 32
  Fragen stellen 31
Ideen-Killen 32
Ideenfindung 30
Ideenlieferant 168
Identifikation 36
Identifizierung 43, 57
Informationen 68, 146
  transportieren 241
Innenaufnahmen
  mit Außenaufnahme verbinden 46
Insert-Bildern 71
intensivieren 35
interessanter 61
Interessenmittelpunkt
  unterstützen 139
Interessensschwerpunkt
  und Hintergrund verbinden 54
Interview 69
  Bildausschnitt 71
  gutes 70
  Natürlichkeit 71
  Perpektive wechseln 70
  Vordergrundobjekt 72
  zoomen 70
Interview-Technik 68
Interviewer 69

J

Jump Cut 23

K

Kamera
  Text 68
  Ton aufnehmen 142
Kameraeffekt 61
  Riss 62
  Stopp-Trick 65
  Transition 64
Kamerafahrt 38, 57
  Dauer 57
Kamerafehler
  verdecken 116

Kameraführung 27, 41
Kameraposition 39, 42
   wechseln 44
Kameraschwenk 46, 47
Kamerazufahrt
   simulieren 121
Katastrophen 106
Key 20, 160, 171
   invertiert 163
Key-Kanal 162
Key-Signal 161
Keymaske 163
Kinder
   O-Töne 68
Klassiker 244
kleiner 42
Kombination von Horizontal- und
   Vertikalschwenk 53
Kombination zweier Bilder 64
Komplexität 41
Komposition 185
Konzept 28, 238
   Anwendung 29
Kopfkino-Methode 16
Körnung 216
Kran 58
Kratzer 216, 218
künstlich 131
kürzen 234
Kurzfilm
   drehen 29

L

lähmen 41
Länge
   verkürzen 71
langweilig 31, 39
Lautstärke
   verändern 92
Lautstärkepegel 170
Lautstärkespitzen 143
leicht 40
Leitmotiv 129
letztes Bild 229
Lichtsäule 207
Liebesszene 129
Logische Fehler
   vermeiden 29
Luminanz-Key 161

M

Mikrofon 142
Mimik 36
Mimikspiel 55
Minimax-Effekt 189
Montage 25
   der Abfolge 110
   durch Anschlussschnitt 110
   eines roten Fadens 129
   symbolartige 129
   von Parallelen 111
Motion Blur 215
Multi-Picture 196, 207
   auf Schwarz 201
Multiplizier-Effekt 212
Musik 25, 32, 168, 244
   Abwechslung 143
   auf Länge schneiden 143
Musik-Ende 144
Musik-Schnitt 160
Musikauswahl 143
Musikschnitt 143
Musikstück
   Anfang 143

N

nachvollziehbar 227, 234
Nachzieh-Effekt 214
Nahe 36
Namenseinblendungen 175

O

O-Ton 68, 94, 146
   Fehler 100
   Hintergrund 71
   im Off 88
   im On 89
   interessanter machen 71
   Kinder 68
   mit Umgebung 55
   passende Bilder drehen 71
   reinigen 94
   Situativ 71
   Situative 91
   Synchronisierungspunkt 98
   Vorziehen 96
   zu leise 91
Objekt
   folgen 55
   und Hintergrund 35

Off-Texte 146
   ausformulieren 150
   erstellen 147
   Konzept 147
Orientierungshilfe 45
Originaltöne 68
Örtlicher Zusammenhang 34
Ortswechsel
   durch Perspektivenkontrast 117
Overwrite 99

P

PAL 17
PAL-Standard 17
Panoramaschwenk 50
Panorama 47
Parallelen 111
Parallelität
   Audio 113
Parallelmontage 128
Person
   furchterregend 36
   größer 36
   ins Bild rücken 39
   Mimik 36
Perspektive 39, 41, 42
   wechseln 59
   zu ähnlich 104
Perspektivenkontrast 117
Perspektivwechsel 56, 91, 110
Picture-in-Picture-Effekt 24
Planung 28
Pointe 229
Positionswechsel 45
Protagonist 30
   in Bewegung 43
Publikum 76
   Schnelligkeit der Schnitte 76

Q

Quad-Split 202
Qualität 30

R

Raum
   wechseln 131
Reihenfolge 110
   überprüfen 239
Rhythmus 168
   Musik- und Bildschnitt 33

Riss 62
  einblenden 63
  per Hand 63
  und Still hart aneinander
    schneiden 64
Roter Faden 129
  Transition 65
rückwärts
  schneiden 67
Ruhe 39

S

schneller 61
Schnitt
  radikal 239
  Schnelligkeit 76
  sichtbar 23
  Technische Grundlagen 17
  und Musik 25
  unsichtbar 21
  vermeiden 106
  hart 18
Schnittarten 21
Schnittfehler 100
Schnittfrequenz
  und Publikum 76
Schnittmarke 217
Schnittprobleme
  mit Videoeffekt lösen 119
Schnittrhythmus 33
schöne Bilder 127
Schrecken 64
Schwarzblende 119, 127
  Dauer 119
schweben 203
Schwenk 38, 46, 49
  Geschwindigkeit 48
  gut machen 47
  Interessensmittelpunkt 48
  Linearität 47
  mit Zoom 53
  Steigerung 49
  Stopppunkte 46
  und Anschlussschnitt 49
  und Bewegung 48
  und Bildausschnitt 48
  Zeitlicher Verlauf 48
Schwenkanfang 49
Schwenkende 49
  neutrale 49
Schwenker 47
schwer 40
Seitenverhältnis 216
Sequenz 17

Sichere Ränder 178
Sichtbare Schnitte 23
situativer O-Ton 71
Skalierung 172
Slapstick 229
Sound-Effekt 142
spannend 31, 40, 110
Spannung 36, 49, 110, 128, 153
  erneuern 125
  erzeugen 36, 41
  halten 32
Spannungsbogen 153
  aufbauen 155
spannungsreich 37
Spiegelbilder 58
Spiegelbild 204
Spiegeln 206
Standbild 61
Statik 41
statische Bildkompositionen 39
Stativ 58
Staub und Haare 216
Stil 244
Stilmittel 107
Stimmung
  unterschiedliche schneiden 59
Stopp-Trick 65
  Erzeugung 68
  Orientierungspunkte 84
  verblenden 68
Story
  fesseln 16
Storyboard 28
Story verdichten 114
Stottern 94
Subjektive 57
Superclose 37
Symbole 129
Sync-Punkt 23
Synchronisierungspunkt 84
Szene-Erkennung 80
Szene
  Reihenfolge 110
  wechseln 61

T

Taktvorgabe 168
Tempo 127
Tempo-Macher 168
Text-Bild-Schere 93
Themen
  zwei verbinden 111
Themenwechsel 125
Tilt 51

Titel-Tool 92
titelsicher 178
Titel 92
Ton
  Ende 227
Tonschnitt
  kaschieren 145
  überdecken 96
Tontrenner 142
Tonüberhang 116
Totale 34
Tracking 174
Transitionszeit 167
Transition 20
Transition durch Bildinhalt 64
transparent 160
Transparenz 19, 184
Trauer 119
Trenner 119, 130
  Ein- und ausblenden 132
  Harter Übergang 131
  künstlich 130
  mit Blende 134
  mit Effekt 133
  ohne Trennbild 135
  roter Faden 130

U

Überblick 34
Übergang 111
  keiner 18
  weich 19
Überlänge 234
überraschend 37
Überschieben (Bänder) 185
Übersicht 42
Umblättern-Effekt 222
unausgeglichen 40
unbedeutend 42
Unbegründeter Riss 101
unbelebte Objekte 36
ungewöhnliche Bilder 42
Unsichtbare Schnitte 21
unterhaltsamer 61
Untersichtige 43
unübersichtliche Bilder 146

V

Verbindungsschuss 46
Verfremdung 229
vergangene Zeit 126
verschönern 198

Versprecher 94
Vertikal schwenken 51
Verzerren 206
Video-Clip 17
Video-Effekt 23, 231
Videokamera-Effekt 231
Videoschnitt
   schnell und gut 238
Vogelperspektive 42
Vorziehen 96

W

wackelfreie Bilder 57
Wahrheit 77
Wegsprung 120
Weicher Schnitt 19
Weichzeichner 95, 138, 215
Weißblitz 222
   vermeiden 95
wichtig 36
Windrad-Effekt 133
Wipe 20, 167
Wischer 20

Z

Zeit
   wechseln 131
Zeitdruck 238
Zeiteffekte 214
zeitliche Parallelen 111
Zeitlupe 214
Zeitraffer 129, 214

Zelluloid-Effekt 216
Zielgruppe 31, 76
Zoom 38, 55
   Gründe 55
   mit Schwenk 53
Zoom-Schwenk-Kombination 53
zoomen 45
Zufahrt 50
   Interview 70
Zusammenhang 45, 55
Zuschauer
   mit Protagonist identifizieren 36
zweite Kamera 22
Zwischenbild 131
Zwischenschnitte 61, 70, 112

www.galileodesign.de

> Video-Training

Eigene Videos schneiden und bearbeiten

Von der Aufnahme zum perfekten Film

Spezialeffekte einbauen wie in Hollywood

Eigene Video-DVDs mit Menüs erstellen

Holger Haarmeyer

MAGIX Video deluxe 15

Das Training für den perfekten Videoschnitt

Willkommen in der Videoschnitt-Schule mit MAGIX-Experte Holger Haarmeyer! Lehnen Sie sich zurück und erleben Sie, wie Sie Videos auf den PC übertragen, einen Film perfekt zusammenschneiden, Überblendungen, Titel und Effekte einbauen und alles auf CD, DVD oder Blu Ray brennen.

DVD, Windows, 81 Lektionen, 6:00 Stunden Spielzeit, 24,90 Euro, 39,90 CHF
ISBN 978-3-8362-1340-0

>> www.galileodesign.de/2004

Bibliografische Information Der Deutschen Bibliothek
Die Deutsche Bibliothek verzeichnet diese Publikation in der Deutschen
Nationalbibliografie; detaillierte bibliografische Daten sind im Internet über
http://ddb.de abrufbar.

ISBN 978-3-89842-833-0

© Galileo Press GmbH, Bonn 2006
2. Auflage 2006, 3. Nachdruck 2009

Der Name Galileo Press geht auf den italienischen Mathematiker und
Philosophen Galileo Galilei (1564–1642) zurück. Er gilt als Gründungsfigur
der neuzeitlichen Wissenschaft und wurde berühmt als Verfechter des
modernen, heliozentrischen Weltbilds. Legendär ist sein Ausspruch **Eppur
se muove** (Und sie bewegt sich doch). Das Emblem von Galileo Press ist der
Jupiter, umkreist von den vier Galileischen Monden. Galilei entdeckte die
nach ihm benannten Monde 1610.

Lektorat Ruth Wasserscheid
Herstellung Steffi Ehrentraut
Korrektorat Sandra Gottmann, Münster
Einbandgestaltung department, Köln
Satz Ulrich Borstelmann, Dortmund
Gesetzt aus der Linotype Syntax mit Adobe InDesign CS
Druck Himmer AG, Augsburg

Das vorliegende Werk ist in all seinen Teilen urheberrechtlich geschützt.
Alle Rechte vorbehalten, insbesondere das Recht der Übersetzung, des Vortrags, der Reproduktion, der Vervielfältigung auf fotomechanischem oder
anderen Wegen und der Speicherung in elektronischen Medien.
    Ungeachtet der Sorgfalt, die auf die Erstellung von Text, Abbildungen
und Programmen verwendet wurde, können weder Verlag noch Autor,
Herausgeber oder Übersetzer für mögliche Fehler und deren Folgen eine
juristische Verantwortung oder irgendeine Haftung übernehmen.
    Die in diesem Werk wiedergegebenen Gebrauchsnamen, Handelsnamen,
Warenbezeichnungen usw. können auch ohne besondere Kennzeichnung
Marken sein und als solche den gesetzlichen Bestimmungen unterliegen.

Hat Ihnen dieses Buch gefallen?
Hat das Buch einen hohen Nutzwert?

Wir informieren Sie gern über alle Neuerscheinungen von Galileo Design. Abonnieren Sie einfach unseren monatlichen Newsletter:

www.galileodesign.de

Die Marke für Kreative